Bibliothèque de Philosophie scientifique

FRÉDÉRIC HOUSSAY

Doyen de la Faculté des Sciences de Paris

Force et Cause

PARIS

ERNEST FLAMMARION, ÉDITEUR

26, RUE RACINE, 26

3° HISTOIRE GÉNÉRALE

...régoire), ancien député à la Douma. **La Russie moderne** (8° mille).

ALEXINSKY (Grég.). **La Russie et l'Europe** (5° mille).

AVENEL (Vicomte Georges d'). **Découvertes d'Histoire sociale** (6° mille).

BIOTTOT (Colonel). **Les Grands Inspirés devant la Science. Jeanne d'Arc.** (5° m.)

BOUCHE-LECLERCQ (A.), de l'Institut. **L'Intolérance religieuse et la politique** (4°m.).

CAZAMIAN (Louis). **La Grande-Bretagne et la guerre** (5° mille).

CHARRIAUT (Henri) et M.-L. AMICI-GROSSI. **L'Italie en guerre** (5° mille).

COLIN (J.), Général. **Les Transformations de la Guerre** (7° mille).

COLIN (J.), Général. **Les Grandes Batailles de l'Histoire.** *De l'antiquité à 1913.* (7° m.)

DIEHL (Ch.), de l'Institut. **Byzance, grandeur et décadence** (5° mille).

GENNEP. **Formation des Légendes** (5° m.

HARMAND (J.), ambassadeur. **Domination et Colonisation** (4° mille).

HILL, ancien ambassadeur. **L'Etat moderne** (4° mille).

LEGER (Louis), de l'Institut. **Le Panslavisme** (4° mille).

LICHTENBERGER (H.), professeur adjoint à la Sorbonne **L'Allemagne moderne** (14° m.).

LICHTENBERGER (H.) et Paul PETIT. **L'Impérialisme économique allemand** (7° m.).

MEYNIER (Commandant O.), p° à l'École militaire de Saint-Cyr. **L'Afrique noire** (5° mille).

MICHELS (Robert). Professeur à l'Université de Turin. **Les Partis Politiques** (4° m.).

MUZET (A.). **Le Monde balkanique** (5° m.).

NAUDEAU (Ludovic). **Le Japon moderne, son Evolution** (11° mille).

OLLIVIER (E.), de l'Académie française. **Philosophie d'une Guerre (1870)** (6° mille).

OSTWALD (W.), professeur à l'Université de Leipzig. **Les Grands Hommes** (4° mille).

4° HISTOIRE DES DÉMOCRATIES

AURIAC (Jules d'). **La Nationalité française, sa formation.**

BATIFFOL (Louis). **Les Anciennes Républiques alsaciennes** (5° mille).

BLOCH (G.), professeur à la Sorbonne. **La République romaine** (4° mille).

BORGHÈSE (Prince G.). **L'Italie moderne** (4° mille).

CAZAMIAN (Louis), m° de Conférences à la Sorbonne. **L'Angleterre moderne** (7° m.)

CHARRIAUT. **La Belgique moderne** (8° m.).

COLSON (C.), de l'Institut. **Organisme économique et Désordre social** (5° mille).

CROISET (A.), de l'Institut. **Les Démocraties antiques** (9° mille).

DIEHL (Charles), de l'Institut. **Une République patricienne. Venise** (6° mille).

GARCIA-CALDERON (F.). **Les Démocraties latines de l'Amérique** (6° mille).

HANOTAUX (Gabriel), de l'Académie française. **La Démocratie et le Travail** (7° mille)

LE BON (Dr Gustave). **La Révolution Française et la Psychologie des Révolutions** (13° mille).

LUCHAIRE J.) Dr de l'Institut de Florence. **Les Démocraties italiennes** (5° mille).

PIRENNE (H.), Prof° à l'Université de Gand. **Les anciennes Démocraties des Pays-Bas** (4° mille).

ROZ (Firmin). **L'Energie américaine** (11° m.).

Force et Cause

FRÉDÉRIC HOUSSAY

DOYEN DE LA FACULTÉ DES SCIENCES DE PARIS

Force et Cause

PARIS

ERNEST FLAMMARION, ÉDITEUR

26, RUE RACINE, 26

1920

A LA MÉMOIRE

de mon Fils,

MARC HOUSSAY

Élève à l'École Normale Supérieure,

Sous-Lieutenant au 3ᵉ régiment d'infanterie,

Mort pour la France,

le 20 Août 1914.

AVANT-PROPOS

SOMMAIRE. — Spécialités et généralités. — Science et philosophie. Comment a été conçu et réalisé cet ouvrage.

L'extraordinaire spécialisation des études scientifiques à notre époque n'a pas manqué d'amener diverses réactions et la publication des volumes qui constituent cette collection en est une des plus caractérisées.

Dans l'enseignement aussi on a été amené à créer quelques cours généraux destinés à tous les étudiants de science avant qu'ils ne s'engagent définitivement dans leurs voies particulières. A l'École Normale, où le souci de culture générale est demeuré très vif, existait ainsi en première année un pareil enseignement. Lors du rattachement de cette École à la Sorbonne, l'enseignement en question y fut transporté et transformé en cours publics. Je fus ainsi chargé d'un cours dénommé « Introduction générale à l'étude des Sciences naturelles ».

Depuis 1904, un auditoire renouvelé a suivi ces leçons avec une attention sympathique et bien souvent j'ai été sollicité de les publier. J'ai toujours reculé devant cette tâche, empêché surtout de m'y adonner par les travaux techniques et les recherches de laboratoire qui sont la source où je puise mes idées générales et le contrôle où je les éprouve.

Toutefois, comme j'ai eu chaque année l'habitude de traiter en une leçon préliminaire un sujet très général, il s'est trouvé que ces leçons progressivement rassemblées ont constitué une doctrine dont la publication peut être réalisée. La matière cependant était trop abondante pour un volume et j'ai dû élaguer tous les exemples trop techniques, supprimer les doubles emplois, conserver seulement les parties les plus générales.

Après cela, il a fallu construire et fondre ensemble ces divers sujets traités un à un sans souci d'unité et qui n'avaient entre eux d'autre lien que d'être les réflexions d'un même esprit.

Le travail de reconstruction a été assez considérable. Cependant je crois que, dans la mosaïque nouvelle exécutée avec les débris des leçons qu'ils ont entendues, mes auditeurs reconnaîtront celles-ci. Leur rapprochement et leur agencement les éclaireront peut-être sur quelques points qui leur demeuraient obscurs et dont certains me faisaient part.

Ils y verront notamment expliqué pourquoi étant, à leur dire, le plus mécaniste des biologistes je ne donnais pas l'impression d'être matérialiste, pourquoi encore, étant plus évolutionniste que personne, je ne paraissais pas hostile à l'idée de Création. J'espère qu'après la lecture de cet ouvrage ce qui leur semblait contradictoire ne leur apparaîtra plus ainsi.

Maintenant on pourra bien penser que l'extrait des

idées les plus générales retirées de leçons déjà très
générales sera de la philosophie plutôt que de la
science et qu'il eût mieux valu laisser ces sujets aux
philosophes professionnels.

Peut-être en effet cela eût-il mieux valu.

Cependant, bien qu'arrivés au même point, divers
voyageurs venus par des chemins différents peuvent
ne pas tous ressentir les mêmes impressions en
raison de la préparation antérieure qu'ils ont subie
en suivant leurs voies ; ils peuvent dès lors n'avoir
pas à exprimer les mêmes idées ni tout à fait sous la
même forme et c'est ce qui me décide à publier cet
ouvrage.

Je suis resté dans le monde phénoménal plus
longtemps que n'en eût été tenté un philosophe. Je
me suis d'autre part arrêté plus tôt qu'il ne l'eût fait
au seuil du monde spirituel, satisfait d'avoir aperçu
un raccord avec celui-ci et sans pénétrer plus avant.

La construction de ces chapitres et l'agencement
de ces idées ont été poursuivis dans ces lourdes
semaines où notre sang coulait sur les champs de
bataille et dans les ambulances par les veines ouvertes
de nos fils, dans ces longs mois où nos élèves un à
un succombaient sur la voie sanglante dont nous
n'avons jamais douté qu'elle fût celle de la victoire,
dans ces cruelles années où l'inquiétude pour nos
combattants, où les deuils multipliés, où notre
territoire ravagé, nos cités détruites, nos compa-
triotes sous le joug barbare nous mettaient en
l'esprit des visions d'angoisse.

Une fois accompli notre devoir professionnel, une
fois terminées les modestes tâches de guerre que

nous permettaient notre âge et notre situation, nous revenions à ces pages inachevées, nous recherchions dans ces pensées qui débordaient les funestes événements un refuge, un apaisement, une sérénité.

Puisse leur méditation rendre au lecteur une partie du bien que leur élaboration nous a fait.

Force et Cause

PREMIÈRE PARTIE

CONNAISSANCE ET REALITE

CHAPITRE I

Les diverses formes de la connaissance.

Sommaire. — La science pure et ses applications. — L'esprit scientifique et les données sensorielles. — L'abstraction scientifique. — Les diverses manières d'abstraire. — Connaissance banale. — Connaissance littéraire, artistique, scientifique. — Comment elles élaborent une même donnée. — Imperfections de chaque connaissance. — Ultra-rationalisme ou infra-rationalisme.

Le problème général de la connaissance est parmi les plus difficiles de ceux où s'exerce la pénétration philosophique. Aussi est-il bien loin de notre propos de vouloir le traiter dans ces pages brèves.

Si nous prenons pour point de départ l'approximation universellement consentie qui définit toute connaissance comme composée d'un apport *a priori* et d'un apport *a posteriori* ou expérimental, pas nécessairement empirique, c'est de ce dernier que nous entendons d'abord traiter, sinon exclusivement du moins principalement.

Nous voulons, par quelques réflexions très simples, faire sentir la complexité du sujet et situer la manière scientifique de connaître au milieu des autres.

Rien du reste ne vaut, pour se faire une idée claire, cette situation d'un sujet, cette mise en place des entours, beaucoup plus profitable que l'indéfini approfondissement des détails. Celui-ci n'est utile que pour les spécialistes, et quand le premier travail d'ébauchage est terminé, travail difficile au reste et dont tout le monde n'est pas en état d'apprécier la valeur. Dans tous les métiers, intellectuels ou manuels, les polisseurs et les finisseurs sont beaucoup plus nombreux que les ébaucheurs et les dégrossisseurs.

L'ébauche ou le schéma est à la fois le premier rudiment et le dernier essor des sciences, des arts et des industries, suivant qu'il représente l'abstraction hésitante et obligatoire de celui qui ne sait presque rien encore ou l'abstraction puissante et voulue de celui qui sait trop et qui choisit.

C'est en nous efforçant à un pareil choix que nous espérons faire sentir en quoi consiste l'esprit scientifique, tâche assez utile puisque aussi bien cette expression éveille parmi les hommes faisant profession de penser des idées fort diverses. Pour les uns, elle évoque le dernier et le plus magnifique épanouissement de l'âme humaine, pour les autres, quelque chose de grossier, de brutal et d'étroit, capable tout au plus de conquérir à l'humanité des améliorations matérielles et de basses jouissances. La vérité pourrait être en dehors de ces deux représentations.

D'abord il faut se garder de confondre la science

et ses applications. Le public peu informé et qui pense en images voit la science sous forme de machines, d'appareils et de produits chimiques. Pour lui, la science c'est la vapeur, l'électricité, les ballons dirigeables, les aéroplanes, la télégraphie avec ou sans fil, la sérothérapie et les gaz asphyxiants.

Sans doute, on ne doit pas faire bon marché de ces applications multiples. Ni bonnes ni mauvaises en elles-mêmes, elles ne sauraient servir à exalter ou déprécier la science, mais seulement l'homme qui en use ou en mésuse. Elles le rendent plus puissant, voilà tout. Que ce soit pour le bien ou pour le mal c'est une pure question de morale, toute différente, dont les principes, il est vrai, doivent être d'autant plus raidis, dans cette circonstance, que le pouvoir, rarement, dirige spontanément vers le bien ceux qui le possèdent.

L'homme de science verrait volontiers dans ces applications de son effort la noblesse et la grandeur, non parce qu'elles apportent le confortable et les facilités de vie aux privilégiés de ce monde, mais parce qu'il attend d'elles, dans une humanité plus disciplinée et plus consciente des devoirs réciproques, la réduction des écrasants labeurs et la plus équitable répartition des loisirs. C'est encore un idéal lointain.

De ces applications au reste nous n'avons parlé que pour ne pas laisser croire à un involontaire oubli ; maintenant qu'elles sont évoquées, nous les écartons volontairement de notre sujet et nous n'en parlerons plus. La science en effet peut se désintéresser absolument des applications qu'on en tire et conserver toutes ses raisons d'être, sa sereine beauté et son pouvoir éducateur.

Qu'est-ce donc que l'esprit scientifique? Qu'y a-t-il
de spécial en lui quand il est formé et dans son acquisition quand il se développe?

On sent bien qu'il représente une certaine tournure d'esprit, une certaine mentalité produite par
une culture particulière et par une façon ordinaire
de penser.

La façon de penser scientifique, comme toutes les
autres — ni plus ni moins — a pour origine les
sensations que nous recevons du monde extérieur.
Cela n'a rien de spécial puisque la donnée sensorielle
est le fondement de toutes nos réactions sentimentales ou intellectuelles; c'est aussi bien la base de
nos amitiés et de nos amours que des lettres et des
arts. Ne faisons attention qu'à cette face du problème
et mettons volontairement à l'écart la connaissance
du moi, acquise par l'examen intérieur; non pas que
nous l'ignorions ou que nous en méconnaissions l'importance, mais parce que, de parti pris, nous n'y
voulons pas pénétrer d'abord. Nous prenons pour
débuter comme une donnée globale « l'esprit ».

Tout au plus pourrait-on dire relativement aux
données sensorielles et surtout pour les sciences expérimentales qu'il faut une culture spéciale pour les
recueillir, une attention qui n'est utile à ce degré
dans aucun autre cas. Il faut apprendre à voir! Tant
de personnes traversent le monde sans avoir rien vu,
ou presque; après un demi-siècle d'expérience, cela
reste pour moi un sujet d'ébahissement journalier.

Le savant doit regarder avec scrupule, avec minutie; il doit s'aider de loupes, de microscopes. Cependant ces procédés techniques qui constituent une condition de l'esprit scientifique n'en représentent à aucun degré le fondement spécifique, et la preuve c'est que l'examen minutieux et même microscopique des phénomènes pourrait ne donner que des impressions de pure beauté.

Pour nous en tenir au seul domaine des sciences biologiques, la beauté émanée des objets qu'elles étudient, formes animales et végétales, est un vaste motif de peinture et de sculpture. Les transformations du pigment dans les feuilles, leurs effets dans les masses forestières ravissent à l'automne l'œil enivré des peintres. C'est le beau qui frappe d'abord la vue dans le spectacle moins banal d'une grotte sous-marine; les êtres microscopiques aussi sont parés d'une incomparable et délicate beauté.

Nous venons donc de rencontrer une condition nécessaire mais parfaitement insuffisante, puisqu'elle pourrait aussi bien être celle d'un esprit esthétique plus étendu seulement qu'il ne l'est d'ordinaire, par une plus grande variété des visions.

La donnée de fait recueillie par les sens n'est jamais utilisée toute par l'esprit. Il y pratique ce qu'on nomme une abstraction. Assez ordinairement on entend surtout par là *ce qu'on retient*; mais il est évident que, rapporté au complexe réel, le *retenu* a pour complément le *négligé*, l'*oublié*, le *non saisi*. Pour ma part, je suis porté à considérer surtout en chaque cas et de préférence le *non retenu*. Une abstraction me semble devoir être caractérisée par ce qui lui échappe bien plus que par ce qu'elle saisit.

Du point de vue métaphysique ou psychologique le contenu de l'abstraction est seul intéressant puisque c'est lui qui entre dans l'esprit et qui devient idée, ou qui se moule sur des idées préexistantes, peu importe. Mais alors toutes les abstractions sont équivalentes et se présentent sans degrés.

Beaucoup plus avantageux pour les comparaisons me semble le point de vue auquel je me complais et duquel on considère autant ce qui a difflué que ce qu'on a capté.

L'abstraction est donc un processus général aussi bien usité par l'écrivain qui fait le portrait d'un personnage que par l'artiste qui peint un motif. Ils ne prennent pas tout de leur modèle mais seulement les traits nécessaires et suffisants pour en évoquer l'idée chez d'autres; ils négligent le surplus et en font abstraction — c'est-à-dire, dans ce sens, l'oublient.

Si l'abstraction est un processus général, la manière de la réaliser varie avec la technique de chaque moyen d'expression. Par exemple le peintre retient dans les phénomènes cela seulement qui peut se traduire par un contour, une opposition de lumière et d'ombre, une couleur. Cela, bien entendu, le limite; une grande partie du monde lui est insaisissable et c'est en songeant à l'importance de cette fuite que la peinture semblera un art fort abstrait.

Toutes les façons que l'homme a imaginées pour traduire les pensées que lui suggère l'action du monde extérieur ne diffèrent entre elles, je le répète, que par des façons différentes d'abstraire. C'est par cela que diffèrent *logiquement* la danse, la musique, les arts plastiques, les lettres et la poésie, la science.

La danse est le plus abstrait des moyens d'exprimer puisqu'il néglige tout ce qui ne peut se traduire par des gestes rythmés. J'espère au contraire montrer que l'expression scientifique est parmi les moins abstraites et les plus compréhensives.

Cette conclusion étonnera peut-être. Une première raison, comme je l'ai dit, en est que je parle en considérant surtout dans l'abstraction le complément de ce qu'on y entend d'ordinaire. Une seconde raison, qui du reste prolonge la première, provient de ce que pour juger du degré d'abstraction d'un art ou d'une science on y examine principalement d'habitude l'intérieur, la technique, la symbolique, tandis que j'envisage chaque moyen d'expression dans ses rapports avec la réalité en voyant ce qu'il peut ou non appréhender de celle-ci. La symbolique spéciale à chaque art ou science est le moyen qu'ils ont de rendre ce qu'ils ont saisi.

Ceci nous conduit même à préciser et à éclairer plus fortement ce point. Un art, une science peuvent être conçus comme des individualités, aussi bien qu'un esprit ou un objet quelconque. Cette mise à part artificielle de quoi que ce soit dans le Cosmos continu doit toujours avoir pour contre-partie le rétablissement des liens arbitrairement brisés. Ces liens consistent en un perpétuel échange d'actions et de réactions entre l'être mis à part et tout le reste, en un perpétuel courant d'entrées et de sorties.

L'entrée dans l'art ou dans la science est l'appréhension des phénomènes qui peut être faite par lui ou par elle. C'est donc de l'abstraction à l'entrée que j'ai entendu parler jusqu'ici. La science ou l'art n'est pas seulement, comme on le dit trop, langage ou moyen d'exprimer. Ce n'est là qu'un des aspects; c'est le côté de la sortie. L'abstraction de sortie dépend de la structure interne, de la technique, de la symbolique. Elle peut être beaucoup plus accentuée ou beaucoup moins que l'abstraction d'entrée.

Il n'est pas douteux que pour une comparaison efficace des diverses formes de la connaissance, ce sont les abstractions d'entrée qu'il faut confronter. Nous allons y procéder maintenant pour trouver des caractères qui n'impliqueront aucunement pour nous ni suprématie, ni mépris, mais seulement différence.

La forme primordiale de la connaissance, comme aussi la plus générale, c'est-à-dire la plus fréquente et la plus répandue est la *connaissance banale*. Son abstraction d'entrée qui la caractérise et la spécifie parmi les autres formes avec lesquelles d'ailleurs elle peut largement confluer, c'est l'*utilité*. Cette forme de connaissance retient surtout dans les phénomènes ce qui a un intérêt immédiat d'avantage ou de nocivité pour la vie matérielle. Le pragmatisme en est une forme élevée et transposée à la vie morale.

A quoi cela peut-il servir? N'est-ce pas la question courante qui fait à chaque fois sursauter le poète, l'artiste ou le savant? Il ne faut pas s'émouvoir. C'est le point de vue du plus grand nombre, la large plate-forme moyenne.

A cette connaissance banale se rattachent trois formes types qui, sans méconnaître l'utilité dans les phénomènes, ne s'y intéressent pas spécialement, souvent même s'y intéressent peu. Ce sont les formes littéraire, artistique, scientifique, dites justement pour cela désintéressées.

La forme littéraire de la connaissance a pour abstraction d'entrée ce qui, dans les phénomènes, peut se traduire par le langage. Il semble qu'elle comporte un vaste contenu, un faible écart avec le réel. Quelle erreur! et comme elle est surtout celle des hommes qui n'ont jamais écrit ni parlé, ou qui l'ont fait avec facilité — l'aveugle et déplorable facilité. Les vrais lettrés et les philosophes savent toute la peine qu'il faut pour enfermer le réel dans les mots, pour capter l'idée, le sentiment, la sensation dans le filet des phrases et tout ce que les mailles en laissent échapper.

Dans cette forme, l'abstraction d'entrée et l'abstraction de sortie sont à peu près identiques. Ceci tient à ce que la symbolique n'en est pas spéciale et que la technique consiste dans l'agencement de symboles universellement répandus dans l'humanité au moins approximativement. Le sujet serait fort intéressant à poursuivre, mais nous n'y prétendons pas, ayant seulement pour but de charpenter quelques grandes masses.

La forme artistique de la connaissance se spécifie par l'abstraction originelle de tout ce qui peut se traduire par une forme, une couleur, un son rythmé autre que la parole. L'abstraction d'entrée diffère extrêmement de l'abstraction de sortie, moins d'ailleurs pour des raisons de symbolique, car l'œil et l'oreille de tous les hommes peuvent comprendre les effets des arts plastiques et de la musique, que pour des raisons de technique ; celle-ci ne consiste plus dans le perfectionnement d'une pratique naturelle à tous les hommes, mais bien dans le développement d'aptitudes manuelles, sensorielles ou intellectuelles, très inégalement réparties et même rares au degré qui convient pour être vraiment expressives.

La connaissance scientifique retient dans les phénomènes cela seulement qui peut être traduit par une mesure, une grandeur et un nombre. L'effort initial du savant est de capter dans le monde ce qui est mesurable pour comparer entre eux des nombres seulement. La symbolique qui repose sur des définitions rigoureuses et des délimitations étroites est tellement particulière, tellement riche et tellement vaste qu'une longue initiation est nécessaire pour la posséder et fort rares sont les hommes qui la possèdent toute. La plupart sont obligés de se spécialiser dans un territoire phénoménal restreint.

L'expression scientifique élaborée par une technique compliquée se condense en des formules ou des doctrines qui ne se rattachent plus aux abstractions d'origine que par un dédale d'inductions ou de déductions successives; il est facile de s'y perdre. Les liaisons complètes avec les phénomènes du départ et plus encore avec l'ensemble de ceux-ci ne restent accessibles qu'aux attentions puissantes et aux volontés synthétiques. Celles-ci, d'autre part, qui se sont rendues maîtresses de ce large domaine, arrivent par des voies étroites à de splendides visions cosmiques qu'aucune autre forme de la connaissance ne peut atteindre avec cette netteté et avec cette ampleur.

Il est bien certain d'ailleurs que ces trois formes,

distinguées fortement pour la précision de l'exposé, se mêlent et se doivent mêler dans l'esprit des hommes. Un savant ne saurait s'empêcher d'être artiste ; la connaissance littéraire lui est indispensable pour relier ses formules et pour exposer ses théories puisque aussi bien celles-ci arrivent jusqu'aux confins poétiques et philosophiques. Et réciproquement la connaissance scientifique ne peut que rehausser l'artiste et le lettré.

Si désintéressées qu'on aime à les dire, ces trois formes de la connaissance se rattachent étroitement à la connaissance banale, et c'est, du reste, la seule raison pour laquelle elles existent assez largement dans l'humanité et ne sont pas exclusivement cultivées dans quelques ermitages ou quelques thébaïdes.

La connaissance littéraire s'y rattache par l'art oratoire qui sert à convaincre, à séduire, à conduire, à diriger, à conquérir le grand pouvoir dans les démocraties.

De l'art descend vers le banal la large voie que parcourent les architectes, les décorateurs, les tapissiers, les modistes, toute une légion.

La science enfin reflue vers l'utile par ses applications incomparablement développées à l'heure actuelle et qu'il est superflu d'indiquer, car tout le monde y pense.

Par contre, il n'est pas inutile peut-être de faire remarquer que ces trois formes de la connaissance se distinguent intrinsèquement et non par des objets spéciaux auxquels s'intéresserait l'une et pas les autres.

Voyons, pour nous éclairer, leurs réactions types en face d'une même donnée, par exemple : l'oiseau.

La connaissance banale retiendra les faits suivants. L'oiseau est le plus souvent bon à manger ; il produit des œufs qui sont aussi un aliment ; il peut ou non être domestiqué ; il est recouvert de plumes ou de duvet que l'on emploie pour des vêtements ou des couvertures. Anatomiquement, le cuisinier sait que, dépourvu de diaphragme, l'animal se vide d'un seul coup et qu'il se doit découper suivant des règles fixées par la disposition des masses musculaires et des articulations.

Le lettré verra surtout dans ces animaux la grâce, la souplesse, la facilité du déplacement qui donne la liberté des espaces et la possibilité de fuir les longs hivers par opposition avec l'homme attaché à sa tâche continue. Dans un autre ordre, la construction des nids, la fidélité conjugale, l'élevage soigneux des jeunes retiennent l'attention littéraire en similitude ou en contraste avec l'homme dont l'étude intellectuelle et morale tient une grande place dans cette manière de connaître.

Et que retiendra l'artiste ? Ce sera surtout le chant, les modulations passionnées du rossignol dans les claires nuits de mai. Ce sera la finesse des grisailles sur le héron qui guette dans la brume, ou bien l'intensité du coloris mettant en joie les yeux devant les gorges de pigeon qui s'irrisent, les queues de paon étalées sur la pâleur des marbres ou les perroquets qui ressortent sur des fonds de velours.

Tout cela est constitué par des faits d'une incontestable existence ; mais ils tiendraient une place

toute minime dans des considérations scientifiques
sur l'oiseau. Que va donc retenir la science à ce
sujet ?

Une première remarque s'impose sur l'extraordinaire abondance des faits que l'homme de science
aperçoit et retient ; ils sont par la quantité hors de
toute proportion avec les précédents. Si Michelet, en
développant beaucoup, a pu tirer de l'oiseau un petit
livre, il faudrait au contraire résumer extrêmement
pour faire tenir en un seul gros volume toutes les
connaissances scientifiques sur l'oiseau.

Je ne voudrais cependant pas avoir l'air de mesurer au poids du papier la valeur des ouvrages et ce
n'est pas du tout cela que je fais. Je veux seulement
indiquer en passant que la nécessité de l'extrême
concision est directement produite par l'abondance
des données et qu'elle impose les formules, les termes
techniques définis, pour remplacer les longues phrases
du langage ordinaire, en un mot toute la symbolique
où la science s'enferme.

Voyons cependant quelques-uns des faits que la
science va retenir pour opposer leur type à ceux que
nous avons déjà signalés. L'oiseau est un être symé-
trique, à deux côtés semblables ; son corps se décompose en trois régions successives ; il possède quatre
membres ; il est charpenté par un squelette constitué par la succession de nombreuses pièces semblables ou vertèbres. Ses deux mâchoires ne portent
pas de dents, mais sont recouvertes par un revêtement corné ; toutefois, aux époques antérieures, au
crétacé, les oiseaux avaient des dents nombreuses.
Plus anciennement encore, à la fin du jurassique, ils

avaient de longues queues vertébrales comme celles des lézards.

Arrêtons-nous à cela qui suffit pour montrer le nombre et la mesure tombant sur les phénomènes et, par réaction, faisant surgir ceux-ci hors de l'indistinct. Il est permis de trouver que chacune de ces mesures n'a qu'un bien mince intérêt, et c'est la pure vérité. L'intérêt n'est pas là ; il réside en ceci que les mesures acquises permettent des comparaisons rapides, efficaces, étendues, solidement construites et ce sont les résultats seuls de ces comparaisons qui sont à rechercher. Mais, pour les obtenir, il faut parcourir toute la voie raboteuse qui seule y peut mener.

Ces trois formes désintéressées de la connaissance que nous avons vu refluer vers la connaissance banale, dans la vie humaine actuelle et civilisée, en sont aussi à l'origine provenues. La tâche pour le faire voir serait tout à fait démesurée, mais nous essaierons de l'ébaucher plus loin à propos des connaissances biologiques (2° partie, ch. V et VI).

Pour terminer ce chapitre, il faut remarquer que toute connaissance quelle qu'elle soit repose sur une abstraction originelle. Toutes sont donc imparfaites, incomplètes, insuffisantes, incapables de coïncider avec la réalité complexe. Il est bien superflu de disserter pour savoir laquelle vaut le mieux, laquelle doit primer. L'aveugle n'a point à se gausser du paralytique ; l'aide mutuelle serait préférable.

Sans doute, c'est mieux connaître que de connaître par tous les moyens possibles. Mais quand l'homme réfléchi en aura parcouru le cycle complet, il s'aprecevra qu'il est bien loin du but et qu'il n'est armé pour l'atteindre que d'approximations grossières. Au delà de la parole, du chant, de la plastique, de la mesure, il lui reste, s'il le peut, à penser sans symboles -pour assimiler le réel total, mais il ne le pourra qu'en raison même de son entraînement intellectuel préalable.

L'ultra-rationalisme dont il est ici question ne saurait être confondu ni par la méthode, ni par les efforts qu'il présuppose avec l'infra-rationalisme vers lequel tendent plusieurs philosophes contemporains, en faisant de préférence appel à l'instinctif, à l'affectif et au subconscient. Il n'y a pas lieu de s'enorgueillir d'être au-dessous ou à côté de la science ou de n'importe quelle forme de connaissance. Il faut s'efforcer modestement mais obstinément de s'élever au-dessus de toutes, après les avoir effectivement pratiquées et connues autrement que par ouï-dire.

CHAPITRE II

Les Idées et les Faits.

Sommaire. — École des faits, école des idées. — Le fait est un choix conscient ou non. — Il résulte d'une discontinuité artificielle. — Faits et objets sont des créations de notre esprit. — Les théories générales sont les seules réalités. — Estimation critique de leur valeur.

Dans le chapitre précédent, nous avons employé les expressions « une idée » « un fait » comme s'il ne pouvait y avoir aucune contestation possible et comme si ces termes avaient bien exactement la même signification dans tous les esprits.

Il devrait en être ainsi, semble-t-il, puisque ces vocables ont été des symboles de ralliement et que naguère encore, dans notre jeunesse, nous entendions parler de l'école des faits et de l'école des idées. Les membres de ces groupements devaient, je suppose, savoir ce qu'ils entendaient par là, ce à quoi ils se ralliaient et ce qu'ils suivaient.

Pour ma part, je ne voyais pas la séparation, parce que l'homme le moins habitué à réfléchir est incapable de recueillir le fait le plus insignifiant s'il n'a pas une idée avant, pendant et après, quand même il ne saurait pas exprimer cette idée, quand même cette incapacité insoupçonnée serait la source de son naïf orgueil. En outre, les seules idées qui ont compté dans la science ont été émises par les hommes les plus exactement et les plus copieusement informés sur les phénomènes.

Je me demandais s'il ne s'agissait pas là d'une de ces discussions au cours desquelles les doctrines s'opposent et s'individualisent, chacune se rétractant sur le *principal* de sa thèse pour en faire l'*unique* point de vue. De cette façon le complexe continu se résout en discontinu et la vérité globale, qui devrait tout embrasser, se pulvérise en erreurs partielles.

Ces discussions du reste ne sont que l'aboutissant des longues querelles poursuivies depuis Aristote et Platon à travers toute la scolastique médiévale, la Renaissance et les temps modernes. Laissons cela pour l'instant.

Il est tellement visible que n'importe quel positiviste s'illusionne en proclamant qu'il connaît uniquement les faits et qu'il ne sort pas de là. On peut si vite lui répondre : Non, vous connaissez *certains* faits, vous en laissez de côté le plus grand nombre, vous choisissez. Et pourquoi donc ce choix, si ce n'est que vous êtes inexorablement guidé par une idée, par une de ces nécessités logiques, conséquence des abstractions originelles dont nous avons esquissé le schéma au chapitre précédent.

Du reste la question est bien autrement grave et le sujet bien autrement profond. On s'en rendra compte immédiatement si l'on songe qu'*un fait*, cela n'existe probablement pas.

Entendons-nous. Bien sûr qu'il y a un monde

extérieur à nous, qu'il agit sur nous par l'intermédiaire
de nos sens, ou par ébranlement direct de notre système nerveux ou même de tous nos autres tissus.
Bien sûr qu'il y a un ensemble de phénomènes.

La question n'est pas là ; la question est : cet
ensemble est-il décomposé de lui-même en un certain
nombre de faits distincts ou n'est-ce pas nous qui le
décomposons ? N'est-ce pas nous qui créons des faits
discontinus et séparés où il n'y a que continuités et
liaisons ? Ce n'est pas contestable.

C'est notre œil qui établit la distinction du visible
et de l'invisible. C'est notre œil qui crée le fait lumineux et le met à part des faits calorifiques, élec-
triques, magnétiques. Nous avons eu bien de la peine
à rassembler de nouveau et à unifier ces phénomènes
à force de multiplier les observations et les raisonnements et, par ce rétablissement de la continuité
rompue, nous n'avons pas inventé une théorie ou
découvert une idée pour les mettre à la place de
rien du tout, mais pour remplacer une idée fausse
venue directement par les sens.

L'aveugle faim a de même séparé le Cosmos en deux
parties, celle qui se mange et celle qui ne se mange
pas. C'est notre organisme qui a produit le fait aliment et le fait poison, qui ensuite sont acceptés par
la physiologie comme des données primordiales.

Les qualités de notre esprit, pétries par les données
de nos sens et de nos sensations obscures, agissent
de la même façon, fragmentent artificiellement et
catégorisent le monde continu.

C'est ainsi que nous avons créé non seulement les
faits mais encore les objets. Un animal, séparé du

monde ambiant et distinct à notre œil et à notre toucher — ce qui est notre notion de forme — ne l'est pas en vérité, ne pouvant exister sans liaisons permanentes avec le reste du Cosmos, liaisons invisibles pour les échanges gazeux, visibles mais discontinues pour les échanges de solides et de liquides.

Tout çela, nous le savons parfaitement, mais nous l'oublions toujours et pour justifier notre oubli d'une catégorie quand nous pensons à l'autre nous l'avons érigé en principe ; nous avons fait deux disciplines distinctes l'une pour la forme ou morphologie, l'autre pour les liaisons présentes et actuelles avec le monde ou physiologie.

A mesure que l'intelligence grandissait peu à peu, dans des temps très anciens, car depuis l'époque historique elle ne gagne presque plus, à mesure aussi elle multipliait les concepts et les faits, mais toujours de la même manière dont l'origine prochaine était mécanique et chimique, poussée par les sensations primordiales de l'amour et de la faim, guidée par les catégorisations artificielles que fatalement déterminaient nos sens et nos perceptions.

En sorte que le fait rudimentaire n'a pas une objectivité totale, il n'est que la projection sur le monde complexe de nos besoins, de nos appétits, de nos instincts, enfin de nos idées.

Les faits sont des idées ; voilà ce qu'il faut bien arriver à dire. Cependant précisons.

Le fait nous apparaît comme une combinaison de nous et du Cosmos, l'idée aussi. Toutefois il n'y a pas identité parce que la création du fait est la sortie de l'idée ; la création de l'idée est une pénétration des faits dans l'esprit. Les deux mots n'expriment pas des entités distinctes, irréductibles, opposées, mais la même chose avec un changement de signe. Il ne s'agit pas seulement bien entendu d'un homme individuel et de son développement pendant sa courte vie, mais il s'agit aussi du long modelage de l'intelligence humaine lentement poursuivi au cours des âges.

La connaissance est une sorte de circulus complet entre le monde et notre esprit, une sorte d'arc psychique analogue à celui du réflexe physiologique, dans lequel la création du fait serait analogue à la production du mouvement et à la manifestation de volonté, tandis que l'élaboration de l'idée ne serait qu'une sensation supérieure.

Dans le fait entrent donc comme éléments : 1° le fonds, le Cosmos, sur lequel l'idée est projetée ; 2° l'esprit qui projette et dont la valeur pour cette action n'est pas nulle et réside en ce que lui aussi est produit par le même travail qui a construit le Cosmos, qu'il fait partie de celui-ci, qu'il n'y est pas incomparable ni incommensurable.

Chaque projection est déformée, chaque fait est inexact pour cela même qu'il est considéré distinct, volontairement sorti de sa place et retiré de son ensemble. Mais les rapports entre les faits peuvent ne pas être altérés si les diverses opérations sont toujours faites de la même façon et l'on peut retrouver la loi de ces rapports ; ce qui revient à rétablir les continuités rompues par la décomposition du Cosmos en faits discontinus.

Et c'est cette continuité, ce sont ces lois qui repré-

sentent la seule réalité à nous accessible. Chaque
fait n'a pas de réalité, leur ensemble en a.

On saisit alors l'erreur essentielle des sujets bien
limités, si l'on prétend s'y tenir autrement que pour
l'instant de la recherche. On sent combien paradoxale
est la joie ressentie par quelques-uns devant un fait
qui n'a point encore d'analogues et combien au
contraire cette circonstance doit apporter le désir
inquiet de retrouver la loi perdue.

Si donc la loi des rapports est la seule réalité accessible, la construction des théories solides est le
véritable but de la science. Est-ce à dire qu'il faut
accepter toutes les théories quelles qu'elles soient et
quelle que soit leur sorte? Du tout; nous sommes pour
certaines d'entre elles aussi et plus sévères que personne et cela avec d'autant plus d'assurance que nous
appuyons nos jugements sur un critère précis.

Est mauvaise toute théorie qui n'assure pas le
circulus complet de la connaissance ; est mauvaise
toute idée, même groupant admirablement tous les
faits connus, qui ne permet pas la reprojection sur
le monde. Elles considèrent l'esprit humain actuel
comme un terme où tout est achevé et cela n'est pas
admissible.

Toute théorie doit permettre la sortie, la recherche
de faits nouveaux, poser immédiatement des expériences à exécuter, être vérifiable dans l'avenir à
connaître aussi bien que vérifiée par le passé du
connu.

Celles qui font appel à des concepts invérifiables
ne comptent pas, si bien construites qu'elles soient,
si bien qu'elles groupent tous les faits acquis et

malgré le succès éclatant qu'elles rencontrent souvent, il ne faut pas se lasser de les battre en brèche jusqu'à les raser complètement.

Que si plusieurs théories vérifiables s'opposent, elles sont toutes à prendre en considération et leur vérification doit être poursuivie sans relâche. Ce travail amènera peut-être une fusion, après des élagages s'il y a lieu, ou, si l'opposition demeure, un jour viendra qui permettra le choix.

Ainsi se présente à nous l'équilibre logique entre les faits indispensables et les idées nécessaires.

Du moment que notre esprit ne peut connaître sans analyser, il est vain de s'opposer à cet effort; du moment que cette analyse ne peut suffire à connaître, il ne faut pas s'arrêter avant d'avoir obtenu la synthèse.

CHAPITRE III

La connaissance scientifique.

Sommaire. — La Science et les objets. — Sciences ou Science. — La qualité et la quantité. — Définitions et discontinuité. — La science est langage; elle est aussi pénétration du réel dans l'esprit.

Dans ce chapitre nous aurons surtout pour but de développer et de préciser, sous leur aspect plus spécialement scientifique, les principales idées exposées dans le précédent.

Ayant mis à l'écart dès le début la science appliquée tout entière, nous n'entendons parler que de la science pure, origine et source de la première.

A ce point de vue la science est l'ensemble des idées que nous nous faisons sur le monde et l'ensemble des moyens par lesquels nous exprimons ces idées. C'est une construction intellectuelle où les qualités de notre esprit jouent un rôle capital. Sans nous demander encore ce qu'est notre esprit, d'où il vient, quel degré d'approximation il atteint dans la connaissance, ni quelle confiance nous devons avoir dans la légitimité de ses conclusions, nous allons essayer de le montrer fonctionnant pour élaborer la science.

Une science quelconque semble bien définie par ses théories, ses méthodes, sa technique. Les théories et les méthodes, personne n'en doute, sont des édifices logiques où le rôle de notre entendement est manifeste. Reste la technique.

Elle est constituée par la connaissance des données sensorielles recueillies et par celle de tous moyens, procédés, réactifs, instruments qui rendent ces données mieux perceptibles pour nous. Sans doute on voit bien que notre esprit n'est point sans agir dans toutes ces pratiques de mesure, d'agrandissement, de fixation, de substitution du lent au rapide et du grand au petit; mais il semble à tout le moins guidé, orienté par une adaptation nécessaire aux objets que la nature nous donne.

Mais voilà! dans la nature il n'y a pas d'objets, c'est nous qui les créons. Il s'agit là d'une idée si fondamentale aussi bien pour la construction de la science que pour sa signification que je ne crains pas d'y insister encore. La réalité du monde extérieur étant pour nous un axiome et un postulat, nous entendons dire que dans ce monde extérieur réel, il n'y a pas d'objets qui nous soient naturellement donnés.

Tout de même pensez-vous : Si je me mets en face d'un grand chéne, je le vois, je le reconnais entre toutes les choses, je le distingue. Sans doute *vous* le distinguez, mais *lui* n'est pas distinct. Sa verdure qui vous frappe n'existerait pas si le soleil, tout le printemps et tout l'été, ne l'avait éclairée. Depuis deux ou trois siècles, les radiations éteintes ont épaissi sa ramure et son tronc et nous les reverrions en feu si nous voulions. A tout instant de la vapeur d'eau, de l'oxygène, de l'acide carbonique qui étaient incorporés au vieil arbre diffusent au loin ; à tout instant rentrent de l'oxygène, du carbone repris à l'atmosphère et, à aucun moment, l'on ne saurait dire s'ils appartiennent encore à l'air extérieur ou s'ils sont déjà de la substance de l'arbre. Même continuité avec le sol par l'amas des racines aussi volumineux que toutes les branches ensemble. Plus encore, la verticalité de sa tige dont nous faisons à notre chêne une qualité de robustesse n'est qu'une manifestation locale de la force centrifuge développée par la rotation de la terre : cas particulier elle-même de l'universelle gravitation des mondes. Un chêne est un être de raison aussi fortement abstrait qu'un triangle.

Si l'on réfléchit à toute apparence, à tout phénomène que l'on voudra on approchera toujours plus du réel en ne le distinguant pas qu'en le distinguant. Nous ne pouvons parler des objets que comme résultat des discontinuités par nous-mêmes introduites dans le Cosmos qui ne les connaît pas.

Puisque donc les diverses sciences sont surtout séparées par leurs techniques, lesquelles dépendent des objets étudiés, et puisque aussi bien la diversité des objets et les objets eux-mêmes ne sont que des créations de notre esprit, la diversité des sciences n'est qu'une convention résultant de notre bon vouloir. Il ne saurait y avoir réellement des sciences, il n'y a qu'une Science à propos de laquelle nous avons tout de suite à craindre d'y avoir trop mis de nous-mêmes. Cette crainte est d'autant mieux fondée qu'elle s'applique à une visible nécessité de notre entendement. Nous n'arriverons pas à supprimer cet inconvénient, nous ne pourrons qu'y opposer un antidote.

La forme scientifique de la connaissance ne s'est dégagée que peu à peu des autres, artistique, poétique, philosophique avec lesquelles à l'origine elle était totalement confondue. Cette séparation en se poursuivant dans le domaine scientifique a conduit à la distinction pratique d'un certain nombre de sciences. Mais la discontinuité à peine obtenue et que le diagramme ci-contre (fig. 1) peut parfaitement suffire à rappeler a été comblée par la création de sciences intermédiaires.

Ces diverses disciplines demeurent séparées parce que volontairement, dans chacune d'elles, on ne s'occupe que d'une certaine sorte ou catégorie de faits, expressément choisis et limités pour répondre à une définition consentie. Sans doute, la complexité des phénomènes nous domine, sans doute elle brise les cadres de nos choix et nous oblige à la création de sciences intermédiaires, comme nous l'avons dit. En sorte que la mesure dans laquelle il y a des sciences distinctes est aussi la mesure dans laquelle on peut tout de même, malgré la pression de l'évidence et par la réaction de notre volonté, choisir entre les faits.

Non seulement la limite entre les sciences mais encore la limite de chacune d'elles avec les autres formes de la connaissance repose sur un choix volontaire. Le physicien qui étudie le mouvement vibratoire n'en poursuit pas l'étude jusque dans les combinaisons de vibrations sonores qui créent l'émo-

tion dans un opéra ou jusque dans les combinaisons
de vibrations lumineuses qui charment dans un
tableau.

Pas plus que le naturaliste, renseigné sur l'innom-

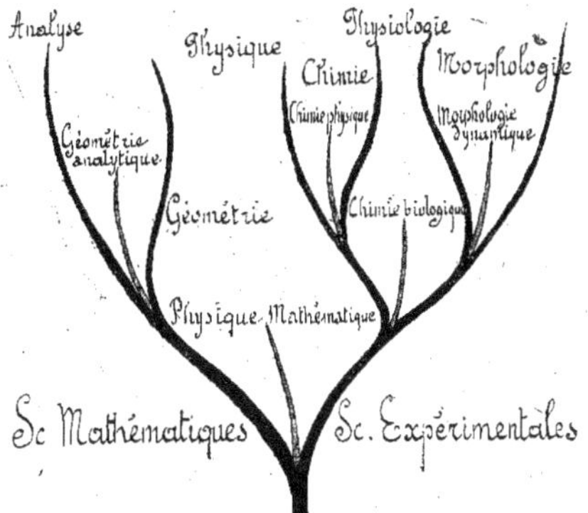

Figure 1.

brable diversité des formes animales ou végétales,
ne s'inquiète pour ses combinaisons logiques de leur
beauté, de leur éclat, de leur grâce parfaite ou de
leur répugnante lourdeur.

Réunies par cette caractéristique commune d'avoir
pour origine des concepts subjectifs et *a priori*, les
diverses sciences usuellement dénommées ne pour-

ront donc jamais être définitivement séparées les
unes des autres. Mais on peut les sérier en raison
du degré où elles permettent de contre-balancer l'influence originelle et de verser l'antidote duquel je
parlais un peu plus haut.

Nous avons dit antérieurement comment la science,
moyen de connaître et d'exprimer, se distingue des
lettres et des arts par la sorte de son abstraction.
L'abstraction scientifique consiste à traduire tout ce
qui est qualité par une quantité ; on s'efforce de
ramener toutes les propriétés à des grandeurs et à
des nombres. Cet effort a pleinement abouti dans les
mathématiques qui constituent la plus parfaite
expression scientifique et l'on a pu dire, à ce point
de vue particulier, qu'une science n'avait de bon et
d'achevé que ce qu'elle avait de mathématique. Les
sciences physiques suivent de près. Et dans les
sciences naturelles, la réduction à la grandeur et au
nombre n'est pas moins manifeste bien que l'on ne
s'attache pas autant à la rendre apparente.

Toutes les classifications en effet reposent uniquement sur le nombre et sur la grandeur. On y invoque
incessamment la taille, la couleur, c'est-à-dire le
nombre des vibrations lumineuses, le nombre des
organes, leurs rapports réciproques fondés sur la
distance, la position, la grandeur des angles qu'ils
font entre eux. En physiologie, on traite surtout des
quantités de gaz inspirés ou expirés, des quantités de
sels ou de substances dissoutes, du nombre et de
l'amplitude des pulsations et des mouvements et
ainsi de suite.

Si l'on voulait s'en donner la peine on pourrait,

avec nos connaissances sur la nature, créer un langage d'allure tout à fait mathématique, pour lequel il suffirait de soigner les définitions.

Maintenant convient-il de s'en donner la peine ? Il le faudrait absolument si la science n'était vraiment qu'une expression ou qu'un langage. Admettre cela serait, comme nous l'avons dit, ne considérer qu'un de ses aspects, celui de la sortie du savoir. Mais si l'on attend de la science autre chose, si l'on attend surtout quelque chose qui soit en conflit avec les nécessités d'exprimer, la préoccupation précédente devient secondaire.

Or, pensons à la désillusion, au scepticisme définitif qui résulterait de ceci, que toutes nos réflexions, toutes nos études scrutent diversement les phénomènes à seule fin d'en retirer des idées claires et simples, capables de s'assembler en d'élégantes expositions, complètement fixées dans leurs lignes principales et que notre but ultime est la création d'une rhétorique de la forme, de la grandeur et du nombre !

Considérons de plus que, pour obtenir cette langue parfaite, le point de départ important est, comme je le disais, de soigner les définitions. Mais bien définir, bien délimiter, bien séparer les concepts, mettre une attention scrupuleuse à rendre discontinu ce qui ne l'est pas, c'est d'abord introduire une faute, une inexactitude. Plus on est précis, moins on est exact, si par exactitude on entend une approximation plus étroite de la réalité. Et la meilleure expression ne nous satisfait le plus qu'en nous trompant le mieux.

C'est à ce nouveau point de vue que l'on pourrait

dire, à l'inverse de l'aphorisme précédemment cité,
que ce qu'il y a de plus falsifié dans une science est
ce qu'elle contient de mathématique. Ce serait tout
aussi excessif et par suite aussi faux que la manière
opposée de présenter les choses.

La possibilité de deux thèses n'en accuse pas moins
la coexistence de deux nécessités primordiales et contraires dont il ne faudrait sacrifier aucune et la science
serait d'autant plus satisfaisante et complète qu'elle
pourrait mieux les accorder ou les subordonner. Et,
puisque nous avons été frappés tout de suite par l'in-
tervention immédiate et péremptoire de notre esprit,
c'est de cela qu'il faut nous méfier tout d'abord. La
prudence critique doit nous engager à ne pas prendre
pour un but souhaitable nos inclinations instinctives.
Loin d'en suivre volontairement les impulsions, il faut
savoir les reconnaître, y résister, ne pas être dupe
des illusions de vérité qu'elles nous donnent.

Au surplus, le mal n'est pas si grand peut-être que
je risque de le faire craindre et son traitement n'est
pas au-dessus des ressources d'une bonne hygiène
intellectuelle.

Ces créations de notre esprit que nous assemblons
en formules pour les substituer à la réalité sont vis-
à-vis de celles-ci discontinues, trop fragmentées,
trop abstraites, incomplètes et dans cette mesure
inexactes, mais elles ne sont pas absurdes. Et la
preuve, comme le dit H. Poincaré, c'est qu'elles conduisent chaque jour à des applications qui cadrent
étroitement avec le réel. Elles ne sont pas d'ailleurs
arbitraires et libres ; ce sont des reflets, ce sont nos
réactions vis-à-vis du Cosmos dont nous sommes ;

actions et réactions sont de la même essence et reliées les unes aux autres par une loi sinon simple, du moins constante. Il y a pour passer de la réalité au symbole une formule de transposition.

Nos concepts sont tous retirés de la réalité par le même moyen, l'abstraction. Et si le mathématicien en doute et répète volontiers que la notion de ligne ou de triangle ou de plan ne lui vient pas du monde sensible parce qu'il n'y a jamais rencontré de ligne ou de triangle ou de plan véritables, nous lui répondrons facilement que ce monde ne contient pas non plus de chênes, comme je le disais à l'instant, ni même de plantes ou d'animaux véritables et que nous avons aussi construit ces concepts par définition, par délimitations de certaines régions du Cosmos, par leur séparation et leur isolement d'avec tout ce à quoi elles sont absolument liées.

Tous nous obéissons à la première des nécessités de l'élaboration scientifique. Il faut s'y soumettre puisqu'il faut bien penser et parler mais, puisque nous en devenons conscients, il faut aussi nous attacher à la rectifier et à la neutraliser.

Les expressions de toute science sont donc à des degrés divers trop abstraites, trop discontinues, trop définies. Le remède est de se créer un état d'âme permanent, une mentalité, qui inconsciemment et perpétuellement remette, derrière les [formules et les paroles, du concret, du continu et de l'indéfini.

Ce qu'il y a de bon dans nos schèmes leur vient uniquement du monde extérieur qu'ils reflètent; il convient donc pour les améliorer encore de s'appliquer indéfiniment à contempler, à regarder, à sentir, à toucher tout ce qui existe en dehors de nous. C'est par ce contact permanent, cette coexistence avec les choses que nous arriverons à varier nos concepts, à agrandir notre esprit.

Antérieurement à son rôle comme langage et comme moyen d'expression la science en a donc un autre plus primordial, plus essentiel et plus important qui est de rajeunir constamment l'âme humaine en y infusant des réalités extérieures inaccessibles à la connaissance banale. C'est celui qui est dévolu aux sciences expérimentales et puisque fatalement elles difflueront de là vers la mathématique elles arriveront, comme elles l'ont déjà fait, à l'élargir et à l'assouplir; elles en recevront en échange un élégant moyen de se condenser et de se transmettre.

CHAPITRE IV

Les sciences naturelles.

SOMMAIRE. — Sciences naturelles et êtres vivants. — L'intuition de la vie. — Sa définition échappe à l'analyse scientifique. — L'abstraction en biologie. — Le vivant, la forme individuelle, l'espèce. — Les combinaisons de ces concepts. — La création de couples primordiaux et la paléontologie.

Après avoir montré que la science est une, qu'elle représente un processus unique conduisant de l'inexprimable réel à l'abstrait exprimé, comment parvenir à y pratiquer des coupures? Il est tout à fait impossible de le faire, logiquement du moins, avec la netteté que l'usage et la pratique consacrent. Il suffit pour s'en convaincre d'essayer la meilleure définition que l'on puisse établir des sciences naturelles.

Elles sont constituées, pourrait-on dire, par les disciplines qui s'occupent de la vie et des vivants. D'après cela, la géologie, science naturelle dans la mesure où elle est le grand livre sur lequel est inscrite l'histoire de la vie et des vivants antérieurs à l'époque où nous sommes, serait aussi science physique, si l'on y considère la pétrographie, qui étudie les roches, ainsi que la nature chimique et la structure physique des multiples terrains.

Et l'on voit déjà une première continuité fuser hors

de notre définition. Dans le chapitre suivant nous
montrerons cependant que la continuité, dans ce cas,
est plus apparente que réelle, mais il y en a bien
d'autres. Notre définition repose en somme sur la
distinction implicitement admise entre les phénomènes vitaux et les objets vivants d'une part et
d'autre part les objets inertes et les phénomènes physiques. Mais cette distinction échappe tout à fait dès
que l'on examine attentivement les choses. Et ce
premier point mérite de retenir l'attention.

Le concept de vie est pour nous une intuition fondamentale, une croyance primordiale si fortement
enracinée que rien ne semble pouvoir l'ébranler. Il
n'est pas douteux cependant que l'analyse scientifique
rigoureuse ne retrouve pas la vie comme concept
distinct et ne peut établir celui-ci par rien de phénoménal, susceptible de tomber sous les sens, ni au
point de vue de leur matière qui n'est pas spéciale
aux vivants, ni au point de vue de leurs formes, ni au
point de vue des actions dont ils sont le théâtre et
qui rentrent dans les lois ordinaires de la physique
et de la chimie.

En présence de cette contradiction formelle entre
notre intuition et notre analyse, une solution simpliste
consisterait à condamner et à écarter l'un ou l'autre
des termes contradictoires. La solution véritable consiste à attendre l'accord et à le retrouver tout à la fin
des recherches techniques et non pas même dans la
synthèse des résultats fournis par la seule science
biologique, mais dans une synthèse multiscientifique
dont nous ébaucherons l'esquisse dans la seconde
partie de cet ouvrage. Afin que cet accord obtenu

puisse avoir une valeur de preuve, afin que l'intuition retrouvée puisse être considérée comme certifiée par la recherche analytique il ne faut pas d'abord la mettre dans celle-ci.

Nous considérerons donc pour notre raisonnement la vie comme un ensemble physico-chimique quelconque, qui doit être étudié par les mêmes méthodes que tout autre ensemble matériel et énergétique.

Par l'adhésion sincère, complète, totale à la méthode scientifique, nous devons arriver à la vérité si elle la comporte. D'ailleurs, en s'en tenant à la seule intuition et en négligeant toute l'analyse scientifique, on pourrait peut-être aussi atteindre au même but. Mais il ne faut pas tirailler tout le temps d'une méthode à l'autre ; courir d'une voie à l'autre tout le long du chemin, c'est le moyen de s'égarer ; la convergence ne peut se faire que tout au bout.

Reprenons donc la ligne de notre discussion et puisque nous ne savons pas scientifiquement définir la vie, il en résulte que délimiter et séparer complètement la biologie est une tâche impossible, il faut y renoncer ; mais l'on peut essayer de sérier entre deux polarités contraires. Des deux nécessités auxquelles doit satisfaire la science, fortement abstraire pour bien exprimer ou sacrifier l'expression pour moins s'éloigner du réel, la première par sa prépondérance polarise les mathématiques, la seconde, les sciences naturelles. Non pas que ces dernières ne fassent un large emploi de l'abstraction, beaucoup plus qu'on ne le dit d'ordinaire et beaucoup trop à mon gré, mais les abstractions consenties ne sont pas susceptibles de se représenter graphiquement avec simplicité. Et les

sciences naturelles se trouvent polarisées bien moins
par les opérations intellectuelles qui s'y accomplissent que par la représentation scripturale de
celles-ci. Il n'en est pas moins vrai que cette cause
secondaire oblige par la mécanique du symbolisme à
moins perdre le contact de la réalité.

Afin de faire sentir, puisque l'on doit incessamment
la combattre, l'importance du rôle que joue l'abstraction dans les sciences naturelles prenons un exemple
simple, non pas dans la région de ces sciences qui
confinerait visiblement à la physique, à la chimie,
mais au contraire dans la région la plus spécialisée.

Tout le monde sait que dans les sciences naturelles l'examen des collections est d'un usage courant dont on ne retrouverait pas l'analogue en fré-
quentant un laboratoire de physique ou un cours de
mathématiques. Qu'est-ce donc qu'une collection? Je
ne vais certes pas parler de tout ce qu'on y peut voir
mais seulement d'une des pièces qui la composent et
ce que j'en dirai pourrait, avec des variantes appro-
priées, se répéter de toutes.

Dans une des armoires sur laquelle se trouve écrit
« Mammifères » nous voyons alignées diverses peaux
bien bourrées de foin. Prenons-en une qui soit
connue de tous, une peau de chat par exemple.

Une peau de chat, cela n'a pas de réalité distincte, si ce n'est comme produit de l'industrie
humaine et ce n'est certes pas à ce titre qu'elle a pris
place dans la collection. Alors, à quel titre? C'est un
symbole, un signe, un hiéroglyphe, ou mieux un idéo-
gramme, aussi suggestif pour l'initié qu'incapable de
donner un sens complet à celui qui ne l'est pas, tout

aussi incapable que le signe $\int$ ou le signe ∞ à celui qui ignore les mathématiques et qui pourrait les prendre, par exemple, pour des ornements architecturaux..... ce qu'ils sont aussi d'ailleurs.

Pour montrer à quel point notre peau bourrée est un symbole abstrait, je vais indiquer tout ce qui n'y .est pas et que cependant elle veut dire, pour avoir droit à une place dans la vitrine.

Son premier droit est qu'elle représente une de ces certaines sortes d'unités que nous appelons êtres vivants, que nous dénommons à part comme s'ils avaient vraiment une existence propre, indépendante, alors qu'ils n'ont aucune réalité isolée et qu'ils ne peuvent être, sinon en liaison absolue et permanente avec le milieu ambiant dont ils sont une simple concentration locale et momentanée.

Le second des droits que nous passons en revue réside dans ce que notre pièce collectionnée rappelle une certaine *forme* et nous saisirons peut-être mieux l'abstraction sous cet aspect. Étant admise la notion d'animal, nous savons bien que le chat n'a pas *une* forme ; il en a une infinité, selon qu'il est assis sur le derrière, ou qu'il est allongé à plat sur le côté, ou qu'il arrondit le dos en redressant la queue. Considérées dans leur contour apparent ou dans leur volume, jamais ces diverses figures ne pourraient coïncider. Et la différence n'est pas seulement superficielle, mais les masses musculaires qui étaient courtes, grosses et dures dans l'un des cas vont se trouver allongées, amincies, amollies dans l'autre et inversement. Dans tous ces aspects cependant, il y a des éléments que nous reconnaissons communs : une

tête, un corps, quatre pattes, une queue ; c'est tout ce
que nous retenons et avec cela nous refaisons nous-
mêmes une forme dite « forme chat ».

Encore n'y pouvons-nous parvenir que comme
résumé de nos observations pendant un temps très
court, une heure, un an si l'on veut. Mais si nous
avions regardé le chat plus longtemps, depuis l'état
de germe, puisque nous ne pouvons pas remonter
plus haut, auquel il est une petite sphère microscopique et mucilagineuse, dite cellule ou plastide, nous
aurions assisté à de bien autres changements en
taille, en couleur et en formes. Même, parmi celles-ci,
nous n'aurions plus rien trouvé de commun qui nous
permit raisonnablement de créer une forme chat.
Nous voyons à quel point celle-ci est abstraite et
tout ce que l'on doit imaginer au delà de ce qu'elle
montre.

Autrefois, on ne pouvait rien croire de pareil ; on
était convaincu que le germe contenait un tout petit
chat préformé qui n'avait plus qu'à grandir semblable
à lui-même ; on était ainsi bien plus tranquille en
trouvant, sous le nom fait par nous, une unité véritable et une réalité. Puis, ce tout petit chat était censé
contenir en lui d'autres germes avec d'autres chats
encore plus petits et ainsi de suite indéfiniment.
C'était l'emboîtement des germes auquel personne ne
croit plus aujourd'hui, bien que certains raisonnent
comme s'ils y croyaient encore.

Mais revenons aux motifs qui ont fait placer la peau
de chat dans la collection. Pourquoi n'en a-t-on mis
qu'une et pourquoi pas la peau de tous les chats qui
ont vécu ? On faisait bien quelque chose d'analogue

dans l'ancienne Égypte. Sans doute mais la pratique avait un autre sens et la collection de zoologie diffère justement du magasin de momies parce qu'il n'y a qu'un exemplaire.

Cette solitude signifie, abstraction encore faite de qualités négligées sinon négligeables, telles que couleur, longueur des poils, etc., qu'une seule peau de chat peut symboliser tous les chats. Ceci est fort important.

Par la succession des formes, dont une seule est nommée, une apparence nous signale dans le Cosmos un des lieux où se centralise, sans limites périphériques dans l'espace ou le temps, un groupe de phénomènes que nous isolons et distinguons sous le nom de vie. Cette apparence est multiple; elle se répète *à peu près* semblable à elle-même; elle n'est pas un accident fortuit comme on en pourrait attendre de l'infini tourbillonnement de la matière. C'est un résultat d'une certaine constance, d'une certaine fréquence, dont nous pouvons faire un objet de savoir et nous l'avons tout de suite désigné par un nom en disant qu'il y a des *espèces*.

Et voilà que notre pièce de collection symbolise trois abstractions excellentes : le vivant, la forme individuelle, l'espèce — laquelle est donc scientifiquement représentée, à un moment de la durée, par un individu et tout au plus par un couple, en cas de dimorphisme sexuel.

Aussi bien que pour les classifications et la systématique, on aurait pu en anatomie saisir l'abstraction « organe », en physiologie, l'abstraction « fonction » et ainsi de tout.

En possession de ses abstractions la science tout de suite s'efforce de les combiner, de les comparer, d'en extraire des propriétés. Dans le cas des sciences naturelles, la construction ne se poursuit pas indéfiniment dans l'esprit faute pour nous de pouvoir écrire vite et simplement nos conclusions pour en suivre le déroulement. On les perd aussitôt et il faut immédiatement leur faire subir le contrôle du réel ; il faut incessamment vérifier si nous ne nous égarons pas et cela est très heureux.

Par exemple, pour nous en tenir au groupe d'abstractions dont nous parlions d'abord : le vivant, l'individu, l'espèce, on peut dire qu'elles sont aussi primitives dans l'esprit que la droite, le plan, la grandeur. Seulement, tandis que ces dernières se combinent tout de suite de façons très diverses, les premières ne s'y prêtent qu'avec peu de variété.

Si nous voulons confronter le concept individu et le concept espèce, nous n'en voyons ressortir que l'idée de répétition, d'*addition*. L'espèce est une *somme* d'individus. Cela ne va pas loin et c'est déjà quelque chose, car si, généralisant le processus, nous convenons de traiter l'espèce comme une unité supérieure nous pourrons essayer de faire une somme d'espèces qui est un genre, une somme de genres qui est un ordre, une somme d'ordres qui est une classe, une somme de classes qui est un embranchement et une somme d'embranchements qui est un règne. Toute la classification y passe et l'on voit le rôle que joue l'arithmétique dans cette construction.

Il est un principe fondamental ne permettant d'additionner que des quantités de même sorte. Comment l'appliquent les naturalistes? A peu près seulement, et c'est l'examen de l'approximation qui offre de l'intérêt pour le rapport du symbole au réel.

Or les individus d'une espèce ne sont pas identiques, l'identité étant la possibilité de la coïncidence ou de la substitution rigoureuse en tout. Avoir l'idée de somme à la place de celle d'espèce c'est concevoir les petites différences comme négligeables, c'est acquérir la notion de caractères importants et de caractères accessoirés ou, comme on dit, de *variations* que l'on oublie. Important et accessoire concordent dans ce cas avec fréquent et rare, ce qui est encore une notation arithmétique du phénomène puisqu'elle traduit le nombre de fois plus ou moins grand où il est visible.

En tenant l'espèce pour une unité nouvelle *représentée* par son individu moyen, on arrive de nouveau à comparer des individus pour l'établissement du genre et les mêmes opérations exactement s'y passent. Ainsi de suite de proche en proche jusqu'à ce qu'il ne reste, pour caractériser les plus hauts groupements, que les qualités les plus constantes, répandues chez les plus nombreux êtres et qu'on dit pour cela les plus importantes.

Les concepts arithmétiques sont absolument directeurs dans la construction de cette partie de la science longtemps considérée comme toute la science et toujours très utile à retenir.

Si, au lieu de partir aussi vite dans les combinaisons arithmétiques possibles entre individu et espèce, nous avions confronté ces concepts en ajoutant un peu plus de réalité, nous aurions remarqué que dans une espèce plusieurs individus proviennent d'une mère commune par un processus dont la généralité, sinon l'universalité, est de connaissance courante. Voilà plus qu'il ne faut de réel pour permettre à l'esprit de s'élancer vers de nouvelles spéculations.

Les successions de générations que l'homme a pu suivre soit dans une famille, soit dans un troupeau qui s'accroît lui ont montré au départ un couple ; celui-ci a donné une première lignée, laquelle s'est accrue à son tour. Ce fait est susceptible d'une représentation géométrique. D'un point figurant le couple initial, il suffit de tracer quelques lignes divergentes et de longueur finie en nombre égal à celui des descendants produits. A partir des points qui terminent ces lignes, ou à partir de quelques-uns, d'autres lignes semblables divergent et ainsi de suite.

En supposant le graphique rameux agrandi dans l'espace et le temps, on a une représentation complète de l'espèce entièrement issue d'un seul couple originel. Pour toutes les espèces il en est de même et l'on transpose ainsi dans le temps la représentation de l'espèce par un couple qui avait déjà paru valable pour la collection à un moment donné.

Ce symbolisme, dupant ceux qui l'avaient conçu, conférait à l'espèce positivement créée une réalité à laquelle ne pouvaient prétendre ni les genres, ni les ordres.

Tant que, jusqu'au xviii° siècle, on n'eut pas compris que les fossiles étaient des restes d'animaux ayant vécu, l'interprétation précédente retirée du monde sensible n'avait à craindre de lui aucun contact ni aucun démenti. Elle était l'inattaquable vérité

et constituait d'ailleurs une solution parfaitement
élégante et simple.

Cependant, en moins d'un siècle, la géologie s'est
développée. Elle nous donne par la connaissance des
strates successifs qui composent l'écorce terrestre
une objective représentation du temps, à tout le
moins jusqu'à des époques fort lointaines. Or, en
examinant les restes animaux et végétaux que l'on
rencontre aux divers étages, en commençant par les
plus anciens, on voit que d'innombrables espèces se
sont éteintes sans parvenir jusqu'à nous. Cela seul
ne serait pas de grande conséquence ; mais d'innombrables espèces apparaissent aussi au cours de l'évolution terrestre pour remplacer celles qui s'éteignent.
Surtout, si nous partons des couches les plus récentes
pour nous enfoncer, nos espèces actuelles, d'abord
toutes représentées, deviennent moins nombreuses et
rapidement disparaissent toutes ; il n'en reste pas
une. Elles n'ont donc pas été créées à l'origine et
l'élégante formule de tout à l'heure est non seulement contestable mais impossible.

Il a fallu reconstruire. Pendant cinquante ans on a
débattu le palpitant problème de l'origine des espèces
et les sciences naturelles lui donnent aujourd'hui,
par la théorie de l'évolution, une solution arrêtée
dans ses grandes lignes. Le plus curieux c'est que, si
l'on veut en fournir un résumé que l'œil saisisse d'un
coup, on retombe sur le graphique géométrique dont
le schème initial avait conduit à l'hypothèse de la
création des espèces. La même courbe rameuse, le
même arbre généalogique, figure la continuité entre
toutes les espèces vivantes et non plus entre les

divers individus de l'espèce. Son contenu de réalité s'est beaucoup accru, mais il peut encore y être condensé tout.

Serait-ce à dire que l'opposition si violemment établie entre les deux concepts de création et d'évolution n'avait pas de raison d'être? C'est ce que nous tâcherons de montrer dans un chapitre prochain et qu'aussi bien l'abandon de la *création des espèces* n'implique aucunement de renoncer à l'idée bien autrement générale de création.

Nous venons de dégager un coin de l'armature mathématique des sciences naturelles; en continuant, il serait aisé de découvrir toute la charpente. Il n'y a pas lieu de s'en étonner. C'est en raison de ce qu'elles ont de mathématique que les sciences naturelles ont pu entrer dans l'entendement et s'incorporer à la connaissance scientifique. On n'a pas l'habitude de rendre apparent ce plan logique; cela cependant est utile à faire à l'occasion, ne serait-ce que pour apprendre à regarder la réalité au travers et à ne pas se laisser prendre à la magie des jolis arrangements.

CHAPITRE V

Le Temps, l'Espace et le Mouvement.

Le temps est un facteur qui, dans les événements biologiques, joue un rôle si considérable que nous en devons faire ici un examen spécial.

Les trois concepts de temps, d'espace et de mouvement sont fondamentaux dans les constructions scientifiques et métaphysiques. On y a tant réfléchi et on en a tant parlé que le sujet paraît épuisé. Peut-être cependant le point de vue biologique peut-il apporter à ces questions quelques éclaircissements nouveaux.

En mécanique, on ne symbolise effectivement que l'espace et le temps; le mouvement n'apparaît que comme relation entre les deux premiers symboles; il ne se montre en un mot que sous son aspect *vitesse* ou *accélération*. Il semble donc qu'ici le mouvement soit secondaire et dérive des deux concepts originaux espace et temps.

Au contraire, Aristote admettait le temps comme dérivé de l'espace et du mouvement.

Dans l'essai que nous avons fait en 1900 pour appliquer la méthode mécanique en biologie, nous avons pris pour données le temps et le mouvement, ou plus précisément la déformation, et nous en avons déduit *un espace*, qui se peut figurer par l'ensemble des formes animales et végétales réalisées depuis l'origine.

Si nous décomposons la déformation continue en une série de formes, chacune de celles-ci, représentée comme on voudra, est un des points de cet espace. Ce dernier diffère évidemment de l'espace des géomètres ou espace euclidien. Il semble aussi différer de l'espace tel que le conçoit la mécanique et que l'on pense être le même espace que celui de la géométrie. Mais je crois qu'il y a là une confusion ou une imprécision et que réellement l'espace en mécanique n'est pas l'espace géométrique, mais bien *l'espace temporel* que j'ai retrouvé en biologie et dont je vais préciser la définition.

L'espace peut être conçu métaphysiquement *en soi* ou mathématiquement comme un système de trois axes de coordonnées : les deux représentations sont aussi vides l'une que l'autre. Mais on peut le concevoir comme *garni* sinon *rempli* d'apparences, de phénomènes et de formes que l'on peut, ces dernières surtout, rapporter aux trois axes de coordonnées, suivant leurs trois dimensions. Une relation numérique entre les trois coordonnées définit, d'une certaine façon, la forme. On fait ainsi de la géométrie analytique.

En faisant davantage appel à l'œil et à l'imagination visuelle, on peut aussi définir et reconnaître une
forme par ses projections concordantes sur deux
plans. C'est la géométrie descriptive.

En demandant plus encore à l'imagination, on peut
ne faire qu'une projection. Si elle est *cotée*, c'est
encore de la géométrie descriptive; mais, si on supprime les cotes et qu'on les remplace par d'habiles
artifices d'ombres propres et d'ombres portées, on
arrive encore à reconnaître les formes et à représenter ainsi par le dessin non pas l'espace mais ce
qu'il y a dans l'espace. L'espace lui-même est figuré
par les parties du plan non couvertes par le dessin.

En procédant de cette dernière façon il est clair
que nous avons enlevé à l'espace une de ses dimensions.

Contentons-nous de cette représentation par le
dessin soit pour tout l'espace, soit pour une portion
de celui-ci, celle par exemple qu'occupe le système
solaire. Supposons que notre dessin soit une photo-
graphie instantanée, sans réduction si nous voulons,
et supposons encore que nous la refassions d'instant
en instant. Sur chacune d'elles tout est fixe, sur
aucune il n'y a mouvement; celui-ci n'est pas un
phénomène spatial, c'est un phénomène temporel.

Déblayons l'espace vrai de toutes les apparences
qui s'y trouvent : soleil, terre, planètes et comètes,
afin d'avoir la place de disposer nos dessins les uns
au-dessus des autres et séparés par des intervalles
appropriés qui seront aussi petits que nous voudrons.

La superposition de nos plans constitue un volume;
nous avons ajouté une troisième dimension pour

remplacer celle que nous avons éliminée; cette
dimension nouvelle est le temps. Par cette opération,
si nous n'avons pas changé l'espace en soi dans
lequel nous faisons nos manœuvres, nous avons
cependant changé tout son contenu, que nous pouvons vraiment considérer comme transposé dans un
autre espace, à trois dimensions encore, mais une
des dimensions étant le temps.

De là résulte que, si nous n'avions pas fait un
dessin pour supprimer une dimension spatiale, nous
n'aurions pas pu par substitution représenter cette
dimension temporelle; il eût fallu concevoir un
espace à quatre dimensions, le temps étant la quatrième dimension. Bien que non représentable, cet
espace est concevable par le calcul algébrique ; les
mathématiciens seraient donc armés pour aborder
les problèmes de la cinématique à quatre dimensions. Certains n'y ont pas failli, mais ils n'y ont
pas été suivis d'une façon courante ni obligatoire, ce
qui n'eût pas manqué, je crois, si l'on avait nettement perçu la confusion que cache le concept d'espace en mécanique rationnelle et si l'on s'y était
arrêté suffisamment.

Revenons à notre *espace temporel* et aux différents
plans dont la superposition le constitue et cherchons
à savoir comment s'y manifesterait le mouvement,
ou plutôt pour simplifier un mouvement type, celui
par exemple d'un corps qui tombe sur la terre. Sur
chacun de nos plans spatiaux étagés, le corps qui
tombe sera à une place différente et la liaison de ces
différents points par un trait continu sera le mouvement.

La connaissance expérimentale semble nous montrer qu'un corps tombant décrit une ligne droite, dite verticale, et cependant l'équation de son mouvement

$$e = \frac{1}{2} gt^2$$

est une parabole. Il y a là une complication qui doit faire réfléchir.

Cependant faisons une figure montrant la superpo-

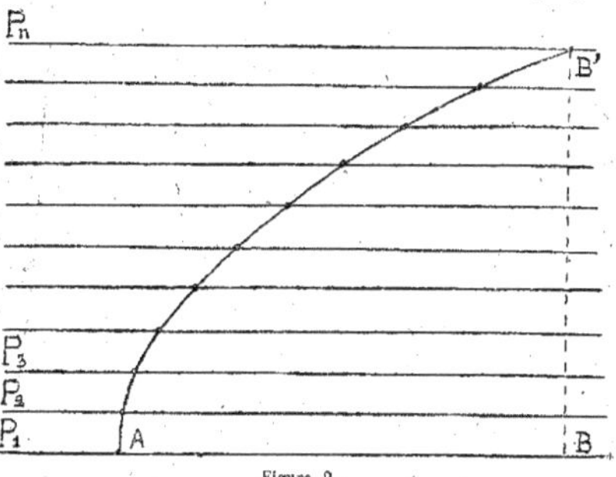

Figure 2.

sition de nos dessins de l'espace ou de nos plans spatiaux ; ils sont représentés par leurs traces P_1, P_2, P_3... P_n. Soit sur l'un d'eux un corps qui va tomber, A. Si l'espace n'était dessiné que sur le seul plan P_1, le corps arriverait en B à la fin de sa chute, ayant décrit la droite AB. Mais dans nos plans successifs le corps qui tombe occupera les différents points figurés et finalement arrivera en B'. C'est vraiment dans cet

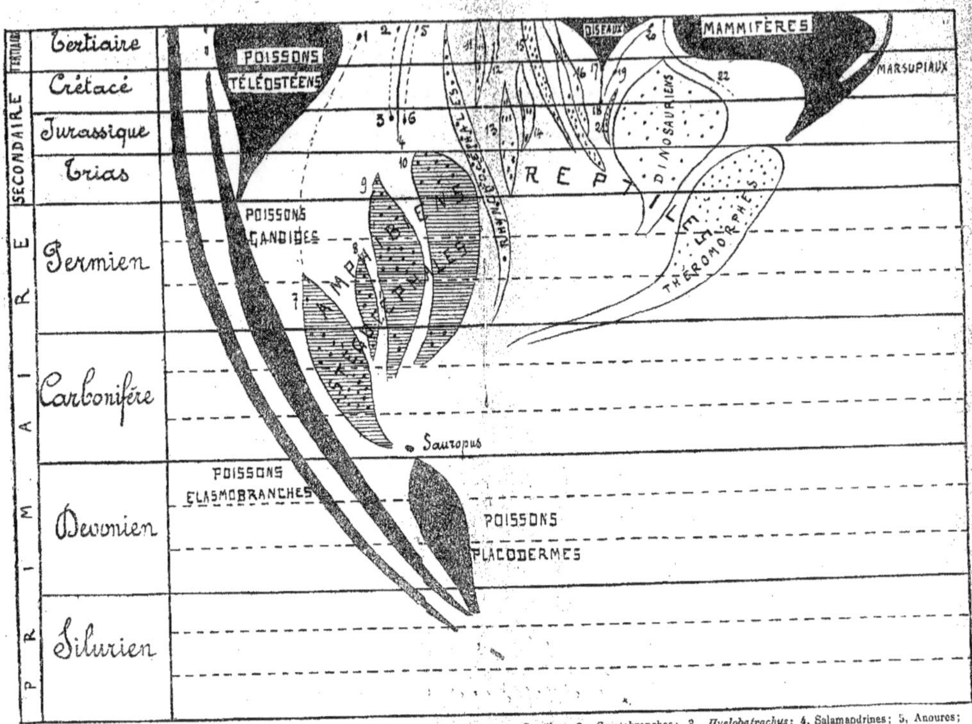

Figure 3. — Pour le sens général, voir le texte. — *Explication compémentaire* : 1, Cœcilles; 2, Cryptobranches; 3, *Hyelobatrachus*; 4, Salamandrines; 5, Anoures; 6, *Palæobatrachus*; 7, Microsauridés; 8, Branchiosauridés; 9, Temnospondyles; 10, Stéréospondyles; 11, Lépidosauriens; 12, Ophidiens; 13, Icthyosauriens; 14, Plésiosauriens; 15, Chéloniens; 16, Crocodiliens; 17, *Icthyornis*; 18, *Archæopterix*; 19, *Hepérornis*; 20, *Dinornis*; 21, Ptérosauriens; 22, Monotrèmes.

espace temporel et non dans l'espace géométrique qu'il effectue la parabole exigée par l'équation de son mouvement.

En vérité, on peut faire apparaître cette parabole dans l'espace géométrique mais par un artifice qui est juste équivalent à la superposition que nous venons de faire et qui introduit dans l'espace géométrique un *autre* espace, à trois dimensions lui aussi, que par conséquent on peut aussi réduire à deux, ce qui revient à dessiner encore ce *nouvel* espace sur un plan. Le plan de ce dessin est justement celui sur lequel nous avons fait la figure 1. Ce plan, ce dessin, cette figure, on les transpose dans l'espace géométrique et on les fait passer devant la chute exactement comme nous avons fait passer devant elle nos divers dessins instantanés de l'espace. Pour réaliser ce passage, on enroule le plan figurant l'espace temporel sur un cylindre animé d'un mouvement uniforme de rotation et on a le classique appareil de Morin, sur lequel la chute dessine effectivement une parabole, dessin fait dans l'espace temporel suivant une quatrième dimension que l'espace géométrique ne comporte pas.

Après tout l'équation type $e = \frac{1}{2} g t^2$ n'a été obtenue véritable malgré la chute rectiligne que par l'introduction d'un chronomètre qui était déjà un appareil enregistreur d'un phénomène non spatial. En réalité on n'a pas confronté un mouvement et un espace, mais un mouvement (la chute) et un autre mouvement (le chronomètre) qui introduit la quatrième dimension.

Quant au mouvement type qui nous occupe, il y a encore un autre artifice permettant de faire apparaître dans l'espace géométrique la chute comme une parabole, c'est d'imprimer au mobile qui va tomber une vitesse initiale non verticale; c'est en un mot d'en faire un projectile; la trajectoire de celui-ci est dessinée parabolique. Mais il est certain que la vitesse initiale, imprimant au mobile et à *sa chute* un déplacement latéral proportionnel au temps, fait passer la chute devant le reste de l'espace *supposé* immobile, d'une façon identique à celle qui nous a fait, dans les cas précédents, promener l'espace devant la chute. C'est donc encore, quoique d'une façon inverse, introduire l'espace temporel dans l'espace géométrique.

Ces considérations semblent heurter la donnée sensorielle qui paraît nous montrer le mouvement dans l'espace géométrique; c'est là justement que gît l'erreur ou l'imprécision. Le mouvement n'est pas dans notre *vision* mais dans notre *mémoire* des positions successivement occupées. Notre vision nous révèle un espace à trois dimensions, immobile; notre mémoire introduit le temps qui est la quatrième dimension de l'espace total, dont nous ne pouvons avoir aucune figuration synthétique, mais auquel nous pouvons, par l'analyse, substituer deux espaces à trois dimensions, parfaitement distincts. L'un est l'espace géométrique euclidien, l'autre l'espace temporel ou mécanique.

L'espace géométrique peut se voir d'un seul clin d'œil et dans la sensation, l'espace mécanique, où a lieu le mouvement, ne peut se voir que par la répéti-

tion du clin d'œil et dans le souvenir. Donc l'espace
mécanique est la répétition et la transposition de
l'espace euclidien.

On comprend sans peine que c'est le principe de
la chronophotographie et du cinématographe. On considère comme important, dans ce dernier cas, la per
sistance de l'impression lumineuse sur la rétine; c'est
tout à fait accessoire; ce phénomène donne au mouvement sa continuité, perfectionne l'illusion mais ne
la crée pas. Le mouvement dans le cinématographe
est encore une introduction de l'espace temporel
dans l'espace géométrique identique à celle que
fournit tout appareil d'inscription ou d'enregistre-
ment. Par une première opération, établissement du
film, on détruit la confusion entre les deux espaces et
on la rétablit par une seconde opération, déroulement
du film.

La méthode graphique dont tout le monde connait
la très grande valeur technique, mais dont on n'a pas,
il me semble, suffisamment exprimé la plus grande
valeur logique et métaphysique, se borne à la première opération de pure et rigoureuse analyse. Les
tracés qu'elle fournit sont pris souvent pour un
symbole ou un signe du mouvement qui en permet la
mesure; c'est mieux que cela, c'est le mouvement
véritable avec toute sa trajectoire dans l'espace temporel et le symbole simplifié est ce que nous voyons
dans l'espace en confondant nos sensations et nos
souvenirs. C'est cette simplification qui nous montre
une droite où il y a réellement parabole, qui nous
montre un battement de cœur où il y a réellement
sinusoïde, etc...

Plus précisément encore on peut dire : la nécessité où nous sommes, pour la représentation, de décomposer l'espace total en deux autres espaces a pour conséquence que tout mouvement a aussi pour nous deux trajectoires, une trajectoire spatiale et une trajectoire temporelle.

Cette conséquence fixe le sens de la géométrie cinématique dans laquelle par exemple on considère une tangente comme la limite des positions d'une sécante tournant autour d'un de ses points, dans laquelle on envisage les formes comme *engendrées* par le mouvement : toutes les figures de révolution par la rotation de leur méridienne autour de l'axe, un paraboloïde par le déplacement d'une droite qui s'appuie sur deux autres en restant parallèle à un plan donné, etc...

Ces mouvements sans vitesse ni accélération, indépendants du temps, ne sont pas des mouvements complets; ils sont dépouillés d'une de leurs qualités essentielles. Néanmoins ils conservent une qualité, elle aussi fondamentale, qui est le changement de place et ils sont dans l'espace géométrique. Il est alors bien évident qu'entre les deux trajectoires du mouvement complet, ils représentent seulement la trajectoire spatiale.

Il est curieux de remarquer en passant que cette géométrie qui fait l'embryologie des formes diffère de la géométrie des Grecs exactement de la même manière et pour les mêmes raisons que notre anatomie comparée diffère aussi de la leur.

Ces remarques montrent encore les rapports de l'abstraite géométrie avec la donnée sensorielle plus étroite que les mathématiciens ne l'admettent d'habitude car c'est justement par le mouvement, dégagé du temps, ramené à sa trajectoire spatiale que se développe en nous la notion de forme. Pour établir celle-ci, il faut *tourner* alentour, *promener* le regard sur elle, en *palper* les contours.

Confondre les deux notions de l'espace que nous venons de distinguer, c'est ramener dans la sensation tout le souvenir. Si l'opération n'est pas encore trop choquante et même passe inaperçue quand la sensation et le souvenir ont des durées de même ordre de grandeur, pour les mouvements qu'étudie la mécanique rationnelle; si l'opération est encore applicable en mécanique céleste, en raison de la périodicité des mouvements, qui ramène en quelque sorte la concordance entre la sensation et le souvenir, elle est tout à fait impossible pour les phénomènes biologiques et paléontologiques qui impliquent une durée telle que ni la sensation, ni le souvenir, ni l'histoire n'en peuvent donner la moindre idée. Le décalage entre les deux espaces devient énorme; ils ne peuvent plus être substitués l'un à l'autre et c'est pour cela que la voie biologique m'a conduit, par l'application précise de la méthode mécanique, à retrouver un espace, lieu du mouvement, complètement distinct de l'espace euclidien.

Il s'est passé dans le monde, ou plus précisément sur la terre, des événements, la stratification et la fossilisation, qui ont eu pour effet de matérialiser et de rendre sensible cet espace temporel ou mécanique, exactement tel que nous l'avons défini par la superposition des espaces géométriques d'abord ramenés à des plans par le dessin. Or, dans la circonstance, les espaces géométriques qu'il s'agit de superposer sont déjà des surfaces, ce sont les *surfaces terrestres* et le volume à construire n'apparaît plus comme le résultat d'une opération intellectuelle mais comme un phénomène garnissant de matière une dimension spatiale en fonction du temps.

En sorte que la matière qui constitue l'écorce terrestre peut être et est véritablement étudiée à deux points de vue essentiellements distincts, soit qu'on la considère comme garnissant l'espace géométrique où le temps n'intervient pas et l'on fait alors de la chimie, de la physique, de la minéralogie, de la pétrographie, soit qu'on la considère comme garnissant l'espace temporel et l'on fait alors de la stratigraphie, de la tectonique, de la paléontologie, de la science naturelle ou mécanique.

La géologie est au point de vue logique une méthode parfaite ; ses imperfections sont seulement techniques et proviennent des circonstances suivantes. Les surfaces terrestres ne se sont pas conservées au complet ; il n'y en a que des restes, des lambeaux qui étaient les fonds des eaux marines ou lacustres avec ce qui vivait dedans ou qui y est accidentellement tombé. Ces restes, en outre, ne nous sont pas accessibles partout et nous ne pouvons les étudier que sur des fragments restreints. Relativement aux vivants qui peuplaient les surfaces, ceux-là seuls demeurent qui ont pu être fossilisés et c'est une faible partie du total. Malgré toutes les causes limitantes, les géologues ont obtenu des résultats impressionnants.

Les innombrables couches stratifiées se superposent en trois grandes séries d'assises : primaire,

secondaire et tertiaire, ou en trois grandes époques
si nous voulons, comme nous le devons, considérer
le temps. Equivalentes en longueur dans nos traités,
ou par l'abondance des données, elles ne le sont
aucunement dans le temps. Dana considérait que si
la durée de l'époque tertiaire est 1, celle de l'époque
secondaire devrait être 3 et celle de la primaire 12.
Les géologues contemporains seraient disposés à
augmenter beaucoup cet écart. Sans y contredire
aucunement, considérons comme suffisantes les données précédentes pour établir une représentation
pratiquement convenable de cet espace temporel,
dessin où nous ne mettrons pas tout, pas plus qu'on
ne le fait dans aucun dessin.

Superposons les différents terrains. Leur superposition revient à prendre pour *ordonnées* le temps, qui
se trouve mesuré par des longueurs verticales.
Prenons pour *abscisses*, ou mesurons par des longueurs horizontales, la *complication* de la forme
animale, évaluée par nos connaissances zoologiques
et anatomiques dans l'embranchement des Vertébrés
seulement. L'unité de forme que nous considérerons
sera le *genre*. Un genre se trouvera alors figuré par un
point d'autant plus éloigné vers la droite qu'il sera plus
élevé en organisation, d'autant plus élevé vers le haut du
dessin qu'on le trouvera à une époque plus récente.

Il en résulte le dessin ci-joint (fig. 3, pages 60 et 61) ; il
a déjà l'apparence rameuse que l'on donne aux arbres
généalogiques. Il l'aurait plus encore si on avait allongé
verticalement le dessin, c'est-à-dire si l'on avait
donné au temps une plus grande importance, ce qui
serait mieux logiquement sinon typographiquement.

Nous pourrions refaire le même travail pour les autres embranchements et il réussirait pour les Mollusques et pour les Arthropodes. S'il ne peut réussir pour tous, c'est faute de données et non faute de méthode.

Au surplus, constatant, dans les dessins que l'on peut réaliser, la concordance entre leurs formes et les données embryologiques, on est amené à se servir de ces dernières seules quand les autres manquent.

Il serait donc théoriquement possible d'avoir 6 ou 7 graphiques analogues à celui que notre figure réalise. Pour avoir la représentation complète des formes animales dans le temps, il faudrait superposer tous ces dessins sur la même feuille de papier, par exemple en employant des couleurs différentes, mais ce serait horriblement confus. Il est plus raisonnable de les faire à part et de les placer bout à bout ; nous avons une bande beaucoup trop longue pour sa hauteur ; mais nous sommes libres d'augmenter celle-ci jusqu'à ce que l'aspect d'ensemble soit dans les proportions rectangulaires dont nous avons l'habitude esthétique pour une feuille de papier. C'est une simple question d'échelle arbitraire.

Enroulons maintenant notre dessin complet sur un cylindre pour qu'il tienne moins de place. Nous observerons alors que le bas de notre cylindre est bien moins garni que le haut (I, fig. 4) ; il sera mieux de tailler notre feuille pour qu'elle puisse être enroulée sur un tronc de cône (II, fig. 5) et, puisque nous sommes partis dans cette voie esthétique, nous pouvons renoncer à la définition géométrique simple et transformer notre tronc de cône en un profil de coupe (III, fig. 6).

Notre dessin prend tout à fait la forme déjà classique de la courbe rameuse ou *arborescente* par
laquelle depuis un demi-siècle les naturalistes figurent
l'enchaînement ou l'évolution des formes animales. A
la vérité, il a été fait sans tant de préliminaires, par
sentiment soutenu et guidé par des faits zoologiques,
anatomiques et embryologiques abondants.

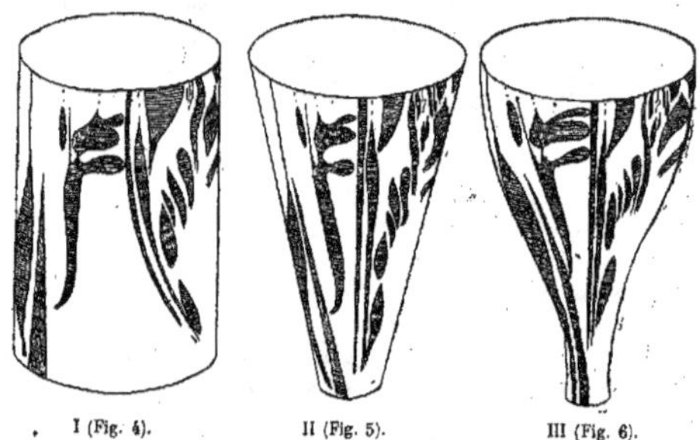

I (Fig. 4).   II (Fig. 5).   III (Fig. 6).

Si nous avons insisté sur la méthode, ce n'est pas
pour donner l'illusion d'une précision qui pratiquement n'est pas atteinte et n'est pas supérieure au
sentiment dont nous venons de parler; c'est afin de
bien montrer un substratum logique que l'on ne
découvre ordinairement pas. C'est aussi pour établir
que l'arbre généalogique, la courbe rameuse est bien
un espace ou une portion d'espace, que c'est un espace
temporel, que par suite la biologie, non pas par
métaphore approximative mais véritablement et

totalement, est une mécanique combinant rigoureusement les concepts de temps, de mouvement et d'espace, accueillant ceux de force, de travail et d'énergie.

L'espace temporel biologique, disproportionné avec tout souvenir, a une représentation dans l'espace temporel embryologique, où les phénomènes ont une durée moindre. Dans ce nouvel espace la déformation est liée à la croissance au lieu que dans le précédent elle était le mouvement évolutif même. Dans l'espace embryologique, croître c'est *nécessairement* changer de forme; ce n'est pas une propriété euclidienne mais c'est là le principe fondamental de l'épigenèse qui s'oppose absolument à celui de la préformation. Il est remarquable de trouver ainsi que cette dernière croyance, jointe à une trop étroite compréhension de l'acte créateur, est indispensable pour faire exactement coïncider, sans sortir de l'espace euclidien, la durée, la forme et la vie.

Est-il, après tout cet exposé, besoin d'insister sur ce que veut dire le mot de mécanique. C'est une méthode logique, une opération intellectuelle, à la fois compliquée, précise et souple. Je ne comprends pas qu'elle paraisse étroite et brutale, si ce n'est aux plus raffinés idéalistes qui n'admettraient ni la durée, ni l'étendue, ni la cause, ou encore aux simples esprits qui confondraient mécanique et machinisme, morale et gendarmerie, etc.

C'est une méthode qui a évidemment des limites, mais, pour comprendre tout ce qui a trait à la force, au temps ou à l'espace, il n'y en a pas de plus féconde et de plus pénétrante.

CHAPITRE VI

Les échelles du temps. — Evolution et Création.

Sommaire. — Mouvement et Changement. — Changements astronomiques et temps périodique. — Changements géologiques et temps évolutif. — Les deux sortes de temps sont pratiquement incommensurables. — Indétermination des durées géologiques; leur ordre de grandeur. — Evolution et Création. — Evolution créatrice ou Création évolutive.

Du chapitre précédent il faut conclure, me semble-t-il, que les trois concepts de temps, d'espace et de mouvement sont indépendants les uns des autres et ne peuvent pas être ramenés à deux d'entre eux considérés comme primordiaux. Le plus subordonné des trois serait le mouvement que l'on ne peut pas concevoir au complet sans l'espace, surtout sans le temps. Toutefois les deux derniers concepts n'impliquent pas nécessairement le premier. L'espace pourrait parfaitement être à la fois immobile et durable; ce serait l'espace géométrique pur. En fait, il n'existe que dans l'entendement.

Si nous abandonnons l'abstraction et l'*a priori* pour revenir au procédé concret et *a posteriori* dont nous avons dit qu'il serait surtout le nôtre, nous reconnaîtrons de suite que les trois concepts dérivent de données sensorielles distinctes. Cette dérivation il faut du reste chercher à la voir non seulement dans l'homme actuel et dans le temps présent mais s'efforcer d'en suivre la progression probable au cours de l'évolution humaine, s'efforcer en un mot d'établir la phylogénie des concepts, ou leur développement dans la race, ce dont la psychologie se soucie en général aussi peu que de leur ontogénie qui est leur développement dans l'individu.

Les concepts d'espace et de mouvement qu'Aristote considérait comme les plus fondamentaux sont évidemment ceux qui dérivent le plus immédiatement de notre connaissance expérimentale, puisque aussi bien chaque homme peut se mouvoir et parcourir un chemin ; cela suffit parfaitement. La connaissance individuelle dans cette expérience n'apercevrait le temps que sous son aspect *vitesse* et comme lié au mouvement. Encore, avant tout chronométrage, faudrait-il le concours de plusieurs individus et le temps serait-il dissimulé sous son aspect plus complexe de *puissance*.

Mais le mouvement n'est qu'un cas particulier ou, si l'on veut, un prototype d'un phénomène bien autrement général qui est le changement. Nous allons montrer que la notion de temps n'est pas, dans la connaissance expérimentale, liée seulement à celle de mouvement mais à celle de changement et surtout qu'il y a plusieurs types de ces changements desquels dérive la notion de temps.

Laissons de côté la première et confuse intuition de durée qui peut venir à tout animal supérieur par les retours plus ou moins rythmiques de ses appétits,

4

d'autant plus que sans doute ces retours sont déjà
sous la dépendance des phénomènes plus généraux
sur lesquels nous voulons retenir l'attention ; parlons
donc tout de suite de ceux-ci.

Si nous négligeons les régions glaciales et polaires,
dans lesquelles bien certainement l'humanité n'a pas
apparu d'abord et n'a pas construit ses concepts primordiaux par le seul exercice de la sensation et de
la mémoire et si nous bornons notre examen à la zone
équatoriale et tempérée, il est clair que le premier changement qui peut donner la notion de répétition, de succession, de durée est l'alternance du
jour et de la nuit.

Il est manifeste que cette première aperception du
temps est liée au mouvement de rotation de la terre,
mais aussi, et cela est tellement évident qu'on ne le
fait jamais remarquer et que par suite on l'oublie, à
ce que le soleil est notre source lumineuse, à ce que
l'atmosphère n'est pas toujours épaissie par la brume,
à ce que la terre n'a pas de lumière propre, à ce
qu'elle est opaque. Cette dernière condition est
fondamentale.

Si en effet la terre était parfaitement transparente,
cela supprimerait toute obscurité, par suite toute
nuit, toute alternance et tout changement. Le mouvement apparent du soleil resterait seul ; il serait
encore objet de connaissance savante mais il n'impor-
terait plus à la connaissance banale. Au lieu d'être
mouvement régulier de rotation, il pourrait être par
exemple de capricieuses vire-voltes comme il s'en
fait dans un remous, cela n'aurait au point de vue qui
nous occupe aucune conséquence. Et si joint à cela

l'atmosphère était toujours brumeuse, le mouvement lui-même disparaîtrait et rien ne pourrait donner cette première notion du temps qui est le jour aux êtres qui penseraient sur cette terre hypothétique, s'il y en avait.

Elle persisterait au contraire, même en cas de brumes constantes et permanentes et si jamais l'humanité n'avait vu ni le soleil, ni son mouvement, ni celui d'aucun astre, à la condition que la terre fût opaque, ce qu'elle est vraiment. Cette condition est donc dans la donnée objective de jour aussi fondamentale que celle du mouvement.

De la même façon, la lune nous a fourni le mois et la semaine, par la répétition de ses phases. Sans doute celles-ci sont la conséquence du mouvement de cet astre satellite et de sa combinaison avec celui de la terre, mais aussi de toutes les conditions que nous avons dites pour le jour et en plus de l'obscurité et de l'opacité de la lune.

L'année, d'abord connue par le cycle régulier des saisons, par le retour attendu des fleurs et des fruits, est le résultat du mouvement de translation de la terre, auquel il faut toutefois adjoindre l'inclinaison de l'axe de rotation sur le plan de translation.

Voilà le temps donné par une première sorte de phénomènes. Sa caractéristique est qu'il s'impose à l'esprit par la *répétition* des mêmes changements en trois catégories distinctes. Il est donc donné numérique ou discontinu et tout de suite objet de connaissance scientifique. A l'époque où les éléments des sciences naturelles, les premiers recueillis certainement, étaient encore restés au stade de la connaissance banale, l'astronomie, immédiatement fondée sur le nombre, était déjà savante. Ce temps tout de suite dénombré est resté le prototype du temps, celui auquel on cherche à rapporter les autres et par lequel on cherche à les mesurer, car il y en a d'autres et de caractère tout différent.

Précisons d'abord bien les propriétés du temps astronomique. Donné par trois catégories de nombres, il s'est trouvé qu'il y avait entre elles un rapport numérique simple assez approché pour avoir pu servir longtemps. La lunaison contient 28 jours ou 4 semaines ; l'année contient 12 lunaisons. L'approximation constituant l'année lunaire fut suffisante tant qu'il n'y eut pas de mesures assez précises pour y contredire. Plus tard, quand la concordance fut rompue, les concepts étaient faits pour toujours ; la science plus précise ne put que consigner leur désaccord dans ses calendriers, sa connaissance des temps, etc...

Une autre propriété du temps astronomique est qu'il est périodique, cela veut dire que le changement sur lequel il est fondé est effacé par le retour au même état. Cette périodicité est une forme de la stabilité. Ce n'est donc pas de ces phénomènes que vient le concept d'un temps fluide, de quelque chose qui coule ; c'est au contraire quelque chose qui oscille et ne peut donner l'idée d'un passé, d'un présent, d'un futur.

La notion de temps évolutif, comme on peut l'appeler par opposition au temps périodique, vient de la vie et spécialement de la vie humaine. Il est distinct du précédent ou plutôt son rapport avec lui n'est pas évident; chez les peuples d'Orient, Arabes, Persans, Hindous, un Européen est toujours surpris du fait que les hommes n'y connaissent pas leur âge. Cela veut dire qu'ils n'ont pas fait le rapprochement entre le temps périodique et leur temps humain, apprécié par l'état de leurs propres changements. Ils savent très bien s'ils sont enfants, jeunes, barbus ou « barbes blanches » et c'est là une mesure du temps, d'un autre temps qui coule et qui est sans retours de quelque façon que ce soit.

La périodicité et la stabilité, que l'on peut retrouver encore dans la succession des générations, n'est plus le phénomène unique; il est juxtaposé à un autre qu'évidemment il tempère mais qu'il n'annule pas.

Puisque aussi bien connaître c'est comparer et que toute connaissance est relative, le temps labile ou évolutif n'est apparent que par contraste avec le temps stable ou périodique, de même que le mouvement ne se révèle que par rapport au repos ou à un mouvement moindre — ou réciproquement si on le préfère.

Le temps historique est aussi un temps évolutif ou vital; plus long que celui d'une génération, il donne les mêmes impressions d'écoulement. La périodicité peut y apparaître encore dans les larges synthèses qui montrent les empires successivement naître, croître et disparaître. Mais cette périodicité n'est plus apparente qu'en substituant à l'individu la personnalité plus large de la nation ou de l'empire et de plus il est visible qu'il s'agit là seulement d'un schéma. Celui-ci n'englobe pas toute l'histoire; il

laisse échapper tous les faits qui ne sont pas *historiques*, qui sont de·beaucoup les plus nombreux, qui
sont la vie même de l'humanité. C'est un effort dicté
par la nature de nos concepts et par leur origine
pour adosser la mobilité fuyante à la stabilité périodique. C'est aussi la dernière circonstance où cet
effort va donner un semblant de résultat; nous
n'allons pas tarder en terminant à voir disparaître
toute périodicité.

Avant de poursuivre cependant, montrons sur un
exemple net la relativité du temps et qu'elle est
aussi manifeste et aussi originale que celle du mouvement. Nous comprendrons mieux d'ailleurs la
rapidité du temps historique, section dans la vie
de l'espèce humaine, tronçon d'un temps spécifique,
en le confrontant avec un temps individuel plus lent.

Supposons que nous voyions gisant sur le sol un
de ces grands chênes comme il s'en trouve quelques-
uns dans la forêt de Fontainebleau, individuellement dénommés. Hier encore il était debout vivant;
dans sa ramure quelques branches mortes et rudes
se tordaient mais l'ensemble était verdoyant et
robuste. Les bûcherons ont scié transversalement le
tronc et, curieux, nous comptons les cercles concen-
triques qu'on y peut lire; il y en a 600.

Voilà un nombre et qui ne dit rien tout seul. Mais
nous savons que chacun de ces cercles s'est fait en
une année et ce nombre va rattacher la durée ou le
temps de notre arbre au temps numérique et périodique. L'arbre a duré 600 ans; 600 fois il a vu la
saison des nids. Le soleil a 219.000 fois éclairé sa
cime et le même nombre de fois la nuit s'est

épaissie sur lui. Environ 80.000 fois la lune a glissé sur ses branches tantôt lourdes de feuilles et tantôt dépouillées.

Tout cela ne dit pas grand'chose, du moins à ceux

Figure 7.

qui ne savent pas lire *derrière* les nombres. Mais puisqu'il y a de la place et que personne ne nous en empêchera, inscrivons donc au niveau de chaque cercle un événement historique qui nous vienne à l'esprit et qui corresponde à la date où le cercle s'est formé. La figure ci-jointe (fig. 7) représente le résultat de ce petit travail.

Cette représentation est à mon avis très impressionnante par le contraste qu'elle établit entre le temps fugitif de l'arbre, le temps périodique dont nous avons trouvé moyen d'introduire la vision et l'empilement dans l'humanité de ces événements que nous nommons changements de civilisations, avènenements d'états, découvertes de mondes, créations de sciences, etc. Elle nous prépare à concevoir la durée de l'humanité tout entière comme une époque très brève, presque un moment dans la durée sans limite.

Il nous semble encore que cette représentation fait percevoir l'originalité du temps; celui-ci ne pourrait être vraiment connu que par une impossible comparaison avec lui-même. Il n'est pas exact en effet que le temps puisse être connu par le changement ; il ne l'est vraiment que par la comparaison de divers changements entre eux dans *le même temps*. Le temps est *la chose* qui égalise entre eux ou proportionnalise divers changements disparates. Les mesures que l'on institue n'ont donc pas véritablement pour effet de mesurer le temps mais de comparer entre eux des changements dans le temps. On a pu dès lors prendre l'un de ceux-ci comme unité ou comme type; instinctivement, là comme partout, on a pris pour type le changement le moins éloigné du constant, le plus stable, le changement périodique.

La géologie va nous mettre en face d'une durée que nous ne pourrons plus confronter avec le temps périodique, si ce n'est par des nombres effroyables, ne correspondant plus à rien d'intelligible et encore seulement grâce à des hypothèses pas trop sûres postulant entre autres choses que le temps astronomique soit, pendant tout cela, demeuré stable auprès du temps fugitif, ce qui n'est pas parfaitement certain.

On a cherché par divers procédés à évaluer la durée des temps géologiques au cours desquels, comme nous l'avons dit au chapitre précédent, s'est matérialisé un espace temporel. Sans entrer dans le détail de ces procédés, évidemment fort approximatifs et nullement rigoureux, constatons que leurs résultats oscillent entre 150 millions et 750 millions d'années.

Ces nombres ont paru monstrueux à ceux qui s'étaient accoutumés à considérer l'apparition de la vie à la surface de la terre et l'origine de l'homme comme des événements quasi historiques, dont ils fixaient même, par convention et croyant dire beaucoup, la date à 6.000 années. Certains géologues bien intentionnés ont cherché à contester un peu l'évaluation de ces durées, que personne ne croit précise, et à gagner au moins quelques petits siècles. A quoi bon ! Il est certain que ce n'est pas par milliers mais par millions d'années qu'il faut évaluer le temps évolutif et que le compte n'est pas fixé à quelques centaines de millions près. Des discussions précises dans ces conditions seraient quelque peu ridicules, puisque aussi bien ces durées prodigieuses pour notre faible vie sont toutes infimes devant l'éternité.

Dans ce temps sans retour et d'une irréversibilité fatale, il ne serait pas impossible de réintroduire encore, comme suite aux métaphores historiques,

une apparence de périodicité et de distinguer dans
leur succession l'empire des Amphibiens, celui des
Reptiles et celui des Homœothermes, Oiseaux et
Mammifères. Cet effort ne peut rompre la continuité
fluide des événements ; il superpose à celle-ci un
autre phénomène qui ne masque pas le premier, pas
plus que le rythme des vagues n'empêche de voir la
marée qui monte, pas plus que les remous périodi-
ques et réguliers du torrent, fixés dans leur place et
dans leur forme, ne cachent l'écoulement de l'eau
qui passe à travers eux.

Les Mammifères dont nous avons dit que leur
temps était court, à la terminaison de l'évolution
vitale, ont commencé de s'épanouir en maîtres de la
terre, il y a environ 8 millions d'années et les
ancêtres de l'humanité ont dû couvrir la forêt
équatoriale de l'ancien continent, il y a peut être
4 millions d'années.

A la suite de la longue préparation matérielle et
de la longue évolution des formes par l'intermédiaire compliqué des énergies physiques, survint
dans un des strates de l'espace temporel un être
particulièrement récepteur de l'énergie psychique.
Les préparations antérieures et la vie qu'il menait
fixèrent en lui cette propriété comme un caractère,
assez important pour qu'il soit dit spécifique — beaucoup plus important que ceux dont on use d'ordinaire
pour délimiter l'espèce.

Que cette espèce soit issue par mutation d'un
seul couple, qu'elle soit formée sous l'influence d'un
même genre de vie par la convergence d'animaux
antérieurement moins ressemblants, cela est difficile

à savoir et cela n'importe pas : c'est le processus à rechercher ou à imaginer de cette apparition dernière dans l'évolution biologique et nous n'en saurons peut être jamais rien.

Donc, dans un strate temporel, plus ou moins épais, est apparue, par un des processus biologiques possibles, une espèce. Dès que bien caractérisée, on peut la voir éparse en ses individus divers à travers la forêt paradisiaque, ou se la représenter comme on le fait en science d'une façon courante, par exemple dans les collections ou dans les graphiques, par un individu ou par un couple.

La fin de l'histoire zoologique de l'homme et le début de son histoire humaine, tant qu'il ne s'agira que d'événements extrêmement généraux et pour ainsi dire spécifiques, peut être condensée dans l'histoire d'un couple.

Ces considérations sur la durée nous montrent que les évolutionnistes et les créationnistes, au sens ancien exigeant la faible durée, sont séparés entre autres choses par la hauteur qu'il convient de donner aux dessins analogues à la figure 3. Ce n'est vraiment pas beaucoup. Les créationnistes peuvent s'ils le veulent aplatir le dessin de manière à le faire tenir tout dans un seul strate horizontal, c'est-à-dire dans un temps qu'il peuvent appeler le même temps. C'est une opération analogue, sur une plus grande échelle, à celle que fait la mécanique rationnelle en confondant l'espace temporel et l'espace géométrique. Les évolutionnistes allongeront le dessin pour pouvoir y pointer plus commodément les nombreux faits que la nature nous livre et que nous serions coupables de ne pas relever ou de dédaigner.

Puisque aussi bien tout le monde est d'accord sur ceci que l'échelle des temps est arbitraire et que, dite longue ou brève suivant l'unité que l'on choisit, elle sera toujours brève devant l'éternité, la question n'est plus là et l'accord s'est fait. La mesure du temps n'importe pas.

En vérité Création et Évolution ne s'opposent pas, ne se rencontrent même pas : Création, qui implique un acte, est dynamique; évolution, qui est un processus continu, est cinématique. Si l'on admet d'une part que l'acte créateur a pu se réaliser par un processus continu, si l'on admet, d'autre part, que le processus évolutif continu a un dynamisme causal, il faudra confronter acte créateur et dynamisme causal, le processus étant le même dans les deux cas et donné dans ses grands traits par l'analyse scientifique.

Création évolutive, évolution créatrice : telles sont les deux combinaisons possibles pour résumer les confrontations acquises.

Pour nous, c'est Création évolutive qui nous paraît formuler le mieux les événements parce que ce terme distingue la cause du processus et subordonne celui-ci ; la cause est transcendante, comme disent les scolastiques. Dans l'autre formule, la cause est immanente et même, par le langage, elle est subordonnée au processus et paraît dériver de lui. Elle introduit une confusion entre la dynamique et la cinématique.

Restons pour l'instant sur ce premier résultat ; il reparaîtra dans la suite des réflexions que nous allons continuer.

CHAPITRE VII

Sur la causalité. — Force et Matière.

En métaphysique, la causalité est une notion si claire qu'elle est considérée comme primordiale, que l'on en fait un principe servant de base à d'importantes déductions indéfiniment poursuivies.

Dans la science pure, il est bien loin d'en être ainsi et certains physiologistes notamment, à la suite de Claude Bernard, pensent que la causalité ne peut être un concept scientifique, qu'elle doit rester exclusivement métaphysique, que la science ne peut y accéder et doit se borner à rechercher et à fixer des conditions en se désintéressant des causes.

Sans aller jusqu'à cet agnosticisme découragé, il faut bien reconnaître que la poursuite des causes, par la méthode inductive, à travers les apparences changeantes que nous livrent les sens est prodigieusement ardue. C'est le dernier effort et le plus rude pour atteindre la réalité stable sous le phénomène mouvant.

S'il est certain, comme nous l'avons dit précédemment, que chaque fait n'a point de réalité, mais que
leur ensemble en a, c'est jusqu'à cet ensemble qu'il
faut poursuivre la cause, réalité ultime, et c'est là
seulement que l'on peut espérer l'atteindre. Il est en
effet vrai que si l'on isole, dans l'espace et le temps,
un phénomène pour en faire un tout artificiel, on ne
peut plus y retrouver la causalité ; elle est restée
dans l'ensemble duquel on a extrait le phénomène ;
on ne peut plus retrouver ainsi que des conditions.
Que cette analyse soit utile et féconde, cela est incontestable, mais qu'il faille s'y tenir et y rester, cela
ne peut être efficacement prétendu.

Examinons à ce point de vue de la causalité les
grands groupes de disciplines scientifiques avant de
nous arrêter surtout à la biologie. Depuis Aristote,
on distingue les causes finales et les causes efficientes
et, pour sérier les questions, nous allons d'abord
nous en tenir exclusivement aux causes efficientes.

Dans les sciences mathématiques, la causalité n'apparaît à aucun endroit et sous aucune forme. Il est
bien évident que les diverses propriétés d'une figure
ne peuvent être conçues comme des effets dont seraient causes les propriétés qui ont servi à la définir, pas plus qu'aucun théorème ne peut avoir pour
cause ceux ou quelques-uns de ceux qui le précè-
dent. La mathématique consiste en un ensemble
cohérent et coexistant de propriétés que l'on a peine
à concevoir toutes à la fois et qu'il serait impossible
d'exprimer en bloc. Pour en faciliter l'exposé et la
compréhension, la coutume s'est établie de les faire
se succéder dans un certain ordre commode, élégant

et facile que l'on pourrait d'ailleurs changer à volonté s'il y avait à cela un bénéfice ou une utilité quelconque. Il s'agit simplement d'une suite de syllogismes, d'un enchaînement logique dont nous sommes absolument les maîtres et qui n'implique ni dérivation obligée, ni nécessité causale.

Aucun syllogisme n'a par lui-même le pouvoir d'établir une relation causale et si je dis que « tous les hommes sont mortels, que je suis un homme et que par conséquent je mourrai », la cause de ma mort n'est pas que tous les hommes sont mortels ; elle est celle-là même qui les rend tous mortels et dont il n'est aucunement question dans l'exposé précédent.

En mécanique, la causalité apparaît sous la forme abstraite et simplifiée, mais nette et vigoureuse, de *force*. La force est véritablement la cause du mouvement aussi bien que de l'immobilité, laquelle, dans l'état actuel de nos connaissances physiques, apparaît toujours comme le résultat de mouvements arrêtés ou limités et de forces qui se contrarient.

Les forces se représentent en direction et en grandeur ; leur direction est toujours rectiligne ; leur grandeur se mesure à l'aide d'une certaine unité, la *dyne*, ou force capable d'imprimer à la *masse* d'un gramme une *accélération* d'un centimètre par seconde.

Dans la définition de la force, outre l'espace et le temps, s'introduit donc la masse, c'est-à-dire la matière, réduite à une abstraction au delà de laquelle elle s'évanouirait tout à fait. On peut exprimer cette relation par l'égalité fondamentale

$$F = m\gamma$$

dans laquelle F symbolise la force, m la masse et γ l'accélération.

L'accélération est la dérivée de la vitesse, ou la dérivée seconde de l'espace par rapport au temps. Etant donc admis ces deux concepts fondamentaux et le mouvement, on en peut déduire *au choix* soit la masse, soit la force, suivant que l'on préfère prendre l'une ou l'autre pour primordiale et plus intelligible. L'égalité précédente peut en effet tout aussi bien s'écrire

$$m = \frac{F}{\gamma}$$

et donne la masse comme une combinaison de la force, de l'espace et du temps.

Des deux notions force et matière, l'une seulement est nécessaire et primordiale, l'autre s'en déduit.

Si l'on considère comme primordiale la force et si l'on en déduit la masse, cela ne veut pas dire que la matière n'existe pas, mais seulement qu'elle existe à l'état de phénomène ou d'apparence, au même titre par exemple que la forme. C'est la doctrine connue en philosophie sous le nom de *dynamisme*, à laquelle nous nous rattachons étroitement.

Si, au contraire, la masse paraît la réalité nécessaire, la force peut ne plus être qu'un phénomène qui se manifeste sur la matière dont le perpétuel mouvement est une qualité fondamentale et donnée. Ce serait le pur *matérialisme* ou *cinétisme*.

Plus ordinairement on considère à la fois comme réelles la force et la masse. Dans ce cas, il faut alors reconnaître que la relation qui les assemble est plus essentielle que chacune des deux. L'importance donnée à la relation conduit à l'*idéalisme* qui est une forme de *statisme*.

Dans cette question capitale sur laquelle viennent converger toutes les réflexions, que nous apprend la donnée sensorielle ? Quand nous ouvrons les yeux sur le monde, nous y voyons des figures, des formes, des couleurs, des mouvements. De tout cela, nous ne pouvons rien induire ni sur la force, ni sur la matière, nous n'en pouvons même avoir aucune idée. C'est le plus rudimentaire en même temps que le plus général de nos sens, notre toucher et notre sens musculaire, qui nous a fourni les éléments de ces concepts.

Un corps solide que nous soulevons de terre est pesant ; nous devons résister pour qu'il ne tombe pas. Nous prenons connaissance de lui en évaluant une force. De même, si nous touchons un solide quelconque, son contact produit une résistance à notre pression — encore une force.

Les liquides et les gaz, au moins les plus communs, l'air et l'eau, nous sont aussi connus par la force qui est en eux, qui fait tourner nos moulins ou marcher nos bateaux.

De la notion de force dérive celle de travail qui est une force multipliée par un espace et celle de puissance qui est un travail divisé par un temps. Puissance, travail ou énergie que l'on définit avec cette dernière notion sont des effets. Des réflexions sur la causalité doivent remonter jusqu'à l'idée de force incorporée dans les vocables précédents.

Puisque nous sommes enclins à considérer la matière comme une apparence et la matérialisation

comme un phénomène sérié, nous arrivons sans peine
à croire que la matérialisation est poussée au maximum dans le solide, moins dans le liquide, moins encore dans la vapeur ou le gaz. Et la force commune
cachée sous tous ces aspects est d'autant plus efficace
pour un travail extérieur qu'elle est moins employée
à créer une dureté ou une résistance ou, comme on
dit, une cohésion.

Effectivement, à la surface de la terre, nous voyons
le solide absolument passif être le jouet des fluides.
Les hautes montagnes sont soulevées par des rides
ou des vagues qui courent dans la masse restée
pâteuse sous l'écorce terrestre et qui bouleversent
tout ce qui leur fait obstacle. Les pluies ensuite dé-
gradent les sommets et, lambeaux par lambeaux,
grains par grains, les descendent peu à peu dans la
plaine. Les jeunes montagnes du plissement alpin
ont seules gardé quelque hauteur, les montagnes anciennes des plissements calédonien et hercynien sont
déjà fort rabotées et nivelées.

Sur les côtes de nos mers, la souple vague vient à
bout du rocher qu'elle assaille et l'océan lui-même
est tout soulevé par le vent qui le maîtrise. Le vent
trouve sa force dans l'inégal échauffement de l'équateur et des pôles qui se combine avec la rotation de
la terre — source encore plus subtile.

On sera sans doute assez disposé à objecter que
les solides ne sont pas tous passifs et que notamment
les animaux... Ce serait une bien grosse erreur,
peut-être la source de beaucoup de nos erreurs ; car
les animaux au moins dans leurs parties protoplas-
miques agissantes et vivantes sont des liquides.

Les conclusions de la science contemporaine sont bien loin de s'opposer aux suggestions que nous fournit l'examen de ces phénomènes accessibles à tous.

Repassons d'un coup d'œil la marche de l'analyse scientifique sur la matière. La première connaissance nous en vient des objets qui tombent sous nos sens et que nous voyons ou touchons séparés dans le moment présent et dans le monde actuel. Nous les distinguons les uns des autres et les répartissons en deux grandes catégories, celle que nous appelons vivante et celle que nous appelons brute. Les uns et les autres objets sont dénommés chacun séparément et distingués par des qualités telle que forme, taille, couleur, dureté, éclat, etc. Le nombre des objets et le nombre des noms est tel qu'il faut les ordonner, les ranger, les classer. Ainsi débutent l'astronomie, la zoologie, la botanique et la minéralogie.

De toutes les qualités, la forme a paru la plus importante, puisque Aristote la met en vedette dans ses quatre étapes causales : la forme, la substance, le processus et la fin. La forme des animaux, dit Cuvier, leur est plus essentielle que leur matière. La perpétuité qu'elle accuse dans le rythme des générations est conçue comme une préformation.

On aurait pu tout aussi bien parler de la précoloration ou d'une préqualification quelconque. Les scolastiques n'y ont pas manqué ; puis tout cela a été repris comme une nouveauté sous le nom de prédétermination par Weismann et son école.

La causalité, dans cette manière de comprendre, est intrinsèque à chaque objet ; il a en lui toutes les

raisons d'être exactement tel qu'il est. Chaque objet
est un dieu ou, si l'on veut tout de même avoir une
cause extrinsèque, chaque objet est une production
directe et immédiate de Dieu, sans qu'il y ait lieu de
rechercher un comment, ni un processus de quelque
généralité pouvant s'appliquer à tous les cas. L'introduction de la sélection naturelle par la concurrence
vitale, outre qu'elle s'applique aux seuls objets vivants,
est tout à fait insuffisante pour combler le formidable
hiatus qui s'ouvre entre l'effet terminal qui est l'objet
et la cause première qui est Dieu.

Dans une métaphysique qui prolongerait la science
contemporaine, les qualités ne pourraient plus être
conçues que comme des phénomènes terminaux, non
pas nuls ou inexistants, mais effets derniers d'un long
enchaînement, aboutissements d'une série, dans
laquelle on peut dire, si l'on veut, que leur essence
était impliquée mais non leur existence. Et si l'on
sépare l'une de l'autre la cause efficiente et la cause
finale par les mots plus tranchés de causalité et de
finalité, les qualités sont plus rapprochées de la
seconde que de la première.

Dans la manière humaine de connaître le monde,
cet écartement de la causalité et de la finalité, si
même il est artificiel, est commode parce qu'il déblaie
pour nous un espace et un temps dans lesquels situer
et sérier les phénomènes dont nous faisons l'étude.
Plus cet écart sera grand, plus notre tâche sera simplifiée et mieux elle sera conduite. Après cela si les
métaphysiciens désiraient aplatir l'intervalle, remettre
dans le même concept de cause l'efficience et la finalité, ce serait une opération analogue à celle que nous

avons indiquée pour ramener le processus évolutif à celui de création instantanée. Si même ils voulaient retourner la série et mettre la finalité avant l'efficience, cela serait sans grand inconvénient pour nous puisqu'il nous suffirait de lire en sens inverse le processus découvert qui ordonne les phénomènes.

Les qualités des objets ont commencé à s'évanouir comme entités distinctes devant l'analyse chimique en même temps que leur substance ou leur matière se résolvait en un certain nombre de composés : acides, bases, sels, alcools, éthers, etc... sans rapports aucuns de qualités avec les objets dont ils sont retirés mais ayant entre eux des liens fort étroits. L'acide carbonique retiré d'un morceau de craie est identique à celui que l'on retire d'une plante.

A la vérité, ces composés sont fort nombreux, moins toutefois que les objets vivants ou bruts dont ils sont extraits. Comme ces derniers, ils se sont prêtés à une classification et à une ordonnance dont je viens de rappeler quelques termes et qui, je le répète, ne coïncide aucunement avec celle des objets. Tout au plus pourrait-on dire que la chimie organique est celle des objets vivants et la chimie minérale celle des objets bruts.

Mais cette constatation perd toute portée essentielle si l'on réfléchit que tous les composés, aussi bien organiques que minéraux, se résolvent en les mêmes corps simples. Ceux-ci sont peu nombreux, beaucoup moins nombreux que les objets puisqu'on en compte en tout une centaine. On les classe encore en métalloïdes et métaux et chaque embranchement se subdivise en classes de corps à propriétés voisines.

L'existence de ces corps simples, que l'on peut préparer, voir, sentir et toucher et qu'aucune opération, au moins jusqu'en ces derniers temps, n'a pu décomposer en éléments plus simples, ni transmuer l'un dans l'autre, a été un substratum précis pour soutenir la notion d'une matière réelle. Ces corps simples se définissent par de certaines qualités telles que forme, couleur, état solide, liquide ou gazeux, odeur, etc., qui leur sont propres et ne se retrouvent ni dans les composés qu'ils forment ni dans les objets constitués par ceux-ci. Toutefois il est important de remarquer que certaines qualités peuvent être communes à divers corps simples sans que cela les rapproche en aucune façon, par exemple la forme des cristaux.

Il est au contraire une qualité qui est au dernier point caractéristique de chacun, qui suffit à le définir totalement, c'est son *poids atomique*, c'est-à-dire le poids sous lequel, ou sous un multiple duquel, le corps en question entre dans ses combinaisons. De telle façon qu'à la fin de cette première étape de la chimie, la meilleure, la plus précise, la plus pénétrante définition de la matière est un poids, c'est-à-dire encore une *force*.

Que les objets donnés par la nature, que les corps composés en lesquels on les résout, que les corps simples constituant ceux-ci soient ou non des entités réelles, soient des êtres ou des phénomènes, les savants logiques ne se posent pas de telles questions parce que, quelle que soit la réponse, l'étude qu'ils en font ne peut être fructueuse qu'en les traitant en phénomènes. Ce postulat implicite est celui sur

lequel repose la science déterministe ; il y a le plus
grand intérêt à réfléchir sur cette proposition et nous
y reviendrons en traitant spécialement de la causalité
en biologie.

Cependant il est certain que les corps composés
définis par la chimie sont discontinus et constitués
par des molécules, non pas hypothétiques mais apparentes. Elles tombent sous nos sens de diverses
façons et leur mouvement irrégulièrement oscillant
se révèle à nos yeux dans le mouvement brownien,
au grossissement du microscope ou mieux encore à
l'ultra-microscope.

Dans la cohésion qui maintient l'état solide, et qui
est une force résultant de la combinaison de diverses
autres forces, il y a des degrés. On peut amoindrir
cette force résultante soit par fusion suivie de vapori-
sation, par quoi le corps arrive à se comporter comme
un gaz, soit encore par dissolution et, si elle est suffisamment étendue, le corps dissous arrive encore à
se comporter comme un gaz. Tel est en effet le sens
de la loi de Van t'Hoff, exprimant que les molécules
dissoutes exercent sur une membrane semi-per-
méable, qui laisse passer le solvant mais qui les
retient, une pression osmotique de tous points analogue à la pression exercée par les molécules d'un
gaz sur les parois de l'enceinte où il est enfermé. Les
mêmes lois s'appliquent dans les deux cas et de la
même façon.

Il y a une théorie cinétique des dissolutions analogue à la théorie cinétique des gaz et les molécules
dissoutes se comportent dans le milieu solvant comme
les molécules d'un gaz se comportent dans le milieu

vide, éthéré ou *quel qu'il soit* dans lequel elles s'agitent.

Les très belles études de Jean Perrin ont en outre montré que les lois des gaz parfaits s'appliquent aussi dans tous leurs détails aux émulsions, c'est-à-dire à des grains, beaucoup plus gros que des molécules, non dissous mais suspendus dans des liquides divers. Pour échapper aux ingénieux détails de l'expérience, retenons : 1° que l'*échelle* du phénomène n'a pas d'importance puisqu'il est identique pour l'atome, pour la molécule, pour les grains d'émulsion, le volume de ces derniers pouvant varier de 1 à 90.000, 2° que le *milieu*, c'est-à-dire le liquide où sont suspendus les grains, n'importe pas non plus puisque sa viscosité peut varier de 1 à 330 et puisque aussi bien les phénomènes sont en lui les mêmes que ceux des molécules gazeuses dans l'éther quel qu'il soit.

Puisque donc ni l'échelle ni le milieu n'importent, les expériences sur les tourbillons aériens ou liquides exécutées par lord Kelvin, par J.-J. Thompson, par Weyher doivent être extrêmement efficaces pour nous fournir des images ou des représentations sur les phénomènes invisibles qui se passent entre molécules et atomes, phénomènes qui pourraient fort bien être de nature tourbillonnaire, que nous croyons de nature tourbillonnaire, dont nous percevons seulement quelques signes et qu'il nous faut relier par l'imagination. Il convient de nourrir celle-ci par des images expérimentales.

Les expériences auxquelles je viens de faire allusion nous donnent encore une nouvelle indétermination sur le milieu; il n'importe pas qu'il soit ou ne

soit pas élastique. Elles établissent un rapport étroit
entre le tourbillon et la vibration. Elles nous four-
nissent des exemples d'attractions et de répulsions
tourbillonnaires identiques aux attractions et répulsions magnétiques. Elles nous figurent la constitution
et la cohésion des solides comme un rapprochement
de tourbillons, transformés en vibrations et nous
représentent d'une façon visible l'élasticité des corps.

Puisque donc encore ni l'échelle ni le milieu n'importent, je place ici les expériences que j'ai faites sur
les poissons et sur les déterminismes de leur forme
par l'eau tourbillonnante. Elles constituent un cas
sûrement particulier — mais enfin un cas — dans la
série que nous suivons pour revenir de l'un des deux
infinis qui nous limitent dans le monde qui est à
notre échelle. Que si l'on veut bien considérer des
poissons dans l'eau comme une émulsion, celle-ci,
entre autres particularités, ne suivra pas la loi de
répartition verticale, car en ce cas les *grains* sont
typiquement équidenses au milieu.

Les expériences en question m'ont longuement
accoutumé aux rapports étroits qui existent entre le
tourbillon, la vibration et aussi la translation. Ce
dernier point est d'importance, car il peut conduire à
supprimer l'opposition que l'on met d'ordinaire entre
les théories de l'émission (translation) et les théories
de la vibration en les reliant par le tourbillon.

Faisons volontairement abstraction des particularités qui distinguent le cas et le compliquent et
regardons longuement un aquarium bien garni de
poissons actifs, de truites par exemple qui s'entre-
croisent dans toutes les directions. Si nous ne cher-

chons pas, par la pensée, à entrer dans l'aquarium
et à nous substituer aux poissons qui s'y meuvent,
nous serons peu à peu frappés par le *cinétisme interne*, par le repos extérieur apparent, par un équilibre d'ensemble qui n'est pas même ridé à la surface.
Les grains de cette émulsion ne s'entre-choquent pas
et ne heurtent pas les parois et c'est encore un
aspect de ses particularités.

Mais voyons dans les apparences communes s'il
n'y aurait pas quelque image suggestive et transpo-
sable. Un poisson en mouvement est entouré d'une
enveloppe formée de deux tourbillons qui s'entre-
croisent, l'un lévogyre, l'autre dextrogyre et l'asso-
ciation de ces deux dissymétries fait une symétrie et
une stabilité. A ce mouvement tourbillonnaire se
relient la translation et la vibration dont j'ai montré
les marques diverses et profondes dans toute la morphologie du poisson.

Je *me figure*, dans leur perpétuel déplacement,
une molécule ou un atome qui ne manifestent *aucune
charge électrique* comme ainsi entourés d'une zone de
forces dans laquelle deux mouvements rotatoires inverses s'équilibrent. Les physiciens qui connaissent
bien les mouvements rotatoires atomiques les considèrent plutôt comme secondaires et dérivés des chocs
tangentiels dus aux translations. Je ne vois pas les
choses ainsi et, sans nier les perturbations momen-
tanées dues aux rencontres, je crois au rétablissement rapide de la symétrie et de la stabilité par le
seul effet des tourbillons propres à la molécule ou à
l'atome que lord Kelvin appelle des atomes tourbillons — rétablissements d'autant plus sûrs et ins-

tantanés qu'il s'agira de molécules monoatomiques. Le choc sans rotation pour les molécules mono-atomiques est un résultat connu des physiciens et qui les embarrasse ; il me paraît au contraire le cas type et nécessaire.

Les Cétacés en marche ne sont entourés que d'un seul tourbillon lévogyre ; il en résulte sur le corps des dissymétries dont j'ai montré le rapport précis avec cette disposition et qui contrastent avec la parfaite symétrie du poisson. La translation n'en est pas affectée, ni non plus la vibration, parfois magni-fiquement visible sur un marsouin qui suit un navire bord à bord.

C'est ainsi que je vois les *ions*, fragments de molé-cules, atomes, fragments d'atomes et corpuscules, *porteurs d'une charge électrique*, comme entourés, peut-être même comme simplement formés dans les cas d'ultime fragmentation, par un seul tourbillon. Tournant dans un sens, il se signale par les phéno-mènes que nous définissons charge électrique néga-tive ; tournant dans l'autre sens, il est électricité positive.

Dans un champ électrique les tourbillons inverses donnent des translations inverses.

L'ionisation est la dissociation de deux tourbil-lons. Elle peut se faire sur certains corps, les sels métalliques dits aussi électrolytes, par divers pro-cédés et notamment par la dissolution étendue (Arrhénius).

Pour une même charge électrique, ou pour une même force, ou pour une même cause, on peut se représenter un effet, un résultat, un mouvement créant un tourbillon de diamètre plus ou moins large, de spires plus ou moins serrées. L'espace parcouru dans le mouvement varie. On se représentera volontiers le tourbillon le plus serré comme animé d'une vitesse giratoire beaucoup plus grande, concordant avec une translation beaucoup plus rapide et une vibration beaucoup plus fine en cas de rencontre d'obstacles. Et si dans tous les cas on admet la même énergie de mouvement ou la même force vive, le tourbillon serré correspondra à une *masse* plus faible, abstraction faite de toute idée de matière.

Les rayons cathodiques, formés dans les tubes de Crookes, m'apparaissent aussi comme la translation ultra-rapide de tourbillons élémentaires extrêmement serrés ; la masse de chacun est 1830 fois plus petite que celle de l'atome d'hydrogène. A la rencontre d'un obstacle, ces tourbillons deviennent vibrants, d'une vibration d'autant plus fine et rapide qu'eux-mêmes ont plus de vitesse ; ils deviennent les rayons X. La vibration de ceux-ci est capable de revenir au régime tourbillonnaire et de produire au moins la dissociation des tourbillons puisqu'ils peuvent *ioniser* des gaz.

Je me borne à ces quelques exemples pour illustrer une représentation dont certains physiciens, en particulier lord Kelvin, sont très proches et qui pourrait je crois être étendue à tous les phénomènes de la physico-chimie. Le plus grand obstacle intellectuel est que les physiciens sont plus entraînés à penser en formules qu'à penser en images et que les tourbillons jusqu'ici ne se prêtent que très malaisément à des représentations mathématiques simples ; mais tout cela peut et doit progresser.

Quoi qu'il en soit de l'image ultime qu'ils se font,
beaucoup sont prêts à dire que la *matière* c'est de
l'*électricité*. Il ne faut pas, à l'inverse, que les expressions atome d'électricité ou électron induisent à
penser que réciproquement l'électricité c'est de la
matière, ce qui serait retomber dans l'illusion sensorielle et non s'en dégager.

La grande loi de discontinuité de la matière, en
raison de laquelle tous les phénomènes quels qu'ils
soient ne varient jamais d'une façon tout à fait
continue mais toujours par légers soubresauts ou
par *quanta indivisibles*, est une loi tourbillonnaire et
par suite vibratoire. Elle pourrait sans doute par des
expériences bien conduites être vérifiée à l'échelle
macroscopique.

Aussi bien, parmi toutes les apparences formelles,
le tourbillon n'est-il pas une de celles auxquelles on
appliquerait le plus volontiers la notion d'*atomicité*
ou, dans une autre langue et avec une autre résonance,
d'*individualité*?

Pour ne pas jeter tout à fait par-dessus bord la
vieille notion de matière *solide par essence* et non par
existence ou comme résultat, les physiciens admettent encore au milieu des zones de force, ou des
sphères de protection, un point infiniment petit sur
lequel est fixée toute la masse de l'atome. Ce point,
véritable centre de figure, entité géométrique, me
paraît tout à fait superflu. Dans la vision à laquelle
nous arrivons ainsi, l'inertie, propriété essentielle de
la matière, serait dynamique et analogue par exemple
à celle du gyroscope.

Que si, et cela est hors de doute, les phénomènes

ainsi poussés à leur dernier degré d'analyse et d'intelligibilité nous *sont donnés* discontinus, c'est-à-dire numériques, c'est la plus profonde, la plus pénétrante, la plus décisive légitimation de la méthode scientifique, c'est une justification ultra-pythagoricienne sur la valeur du nombre.

Bien que je n'y aie aucune peine, je me demande s'il sera aisé pour tous les esprits de se représenter ainsi la force pure et le mouvement sans mobile. C'est pourtant un simple résultat d'abstraction opérant sur une image accessible à tous en écartant progressivement tout ce qui est variable, le milieu qui n'importe pas, le mobile qui n'importe pas non plus et en conservant tout ce qui est constant dans le tourbillon : une *force...* et une *forme*, il faut bien ajouter cela.

L'élément primordial, l'atome, l'individu ultime est donc force et forme, forme et vie si nous voulions traduire en langue biologique; mais gardons la langue la plus abstraite et la plus générale et disons : force et forme.

Or, la forme résulte de la direction de la force. Il reste en fin de compte : une *force dirigée* agissant de la même façon des atomes aux étoiles.

Ce sera notre dernier pas dans cette voie et nous ne suivrons pas les suggestions innombrables qui se lèvent par delà.

Revenons au contraire des deux infinis que nous avons entrevus à l'échelle de notre sensation. Rien de contradictoire à ce que ces tourbillons élémentaires, rapprochés, vibrants en face les uns des autres sans s'écarter, forces rassemblées et récipro-

quement captées, fassent une force résultante que
nous sentons comme dureté et comme cohésion,
comme poids qui est son attirance par d'autres
amas de forces. La lumière, elle-même énergie et
mouvement, s'y heurte, s'y modifie, y devient visi-
bilité.

Le monde sensible enfin tout entier se synthétise
par la voie inverse de celle que notre analyse a
suivie. Et nous avons une représentation définie,
une image précise du processus créateur. Nous
voyons au travail la force dirigée élaborant les apparences et les formes ; nous pouvons essayer de saisir
sous tous les détails que nous voudrons la même universelle loi.

Cette recomposition ou synthèse n'est naturellement qu'une vision intellectuelle; elle est hors de
notre pouvoir et de notre action au moins dans son
ensemble, ce qui n'est pas à dire qu'elle nous
échappe toute. Nous sommes déjà maîtres en chimie
de refaire des composés même compliqués avec des
corps simples donnés; c'est une section dans la
longue série des enchaînements, nous pouvons
apprendre à en dominer d'autres.

CHAPITRE VIII

La causalité en Biologie.

SOMMAIRE. — Animisme et vitalisme. — Discontinuité et continuité. — La contingence des lois de la nature et le déterminisme. — Contingence ou irréversibilité. — Le déterminisme scientifique. — La simplification des théories par la complexité des connaissances. — La réduction de l'arbitraire et du contingent.

En ramenant le concept de cause à la notion de force, la mécanique et la physique simplifient le problème, cela n'est pas douteux et cela d'ailleurs est heureux pour acquérir une première approximation.

En éliminant les qualités et le subjectivisme de nos sensations, en unifiant toutes les forces, en négligeant comme apparences les substances et même la matière, nous avons été conduits si près de la cause primordiale qu'il suffisait de franchir la frontière, de sortir de la science pour y accéder à pleine pensée. Rien dans notre connaissance phénoménale antérieure ne nous entravait ni ne nous empêchait; notre méthode mécanique repliée et carguée, nous y allions sur notre erre.

Et sur le chemin, par le fait seul que nous n'avons pas parlé de la causalité trop tôt, nous n'avons pas

rencontré de ces causes secondes dont les polythéismes et les philosophies s'embarrassent, en frag-
mentant la causalité par contre-coup de la fragmentation du Cosmos cohérent en faits discontinus. Ce ne
sont pas véritablement des causes, mais seulement
les étapes subjectives où se repose et risque de
s'engourdir notre effort vers la cause première, vers
la cause unique.

Il faudrait, dans la biologie, garder une même
méthode et certes cela est difficile mais pas impossible à la condition encore d'analyser exactement,
de distinguer tout ce qui est phénomène, de
l'étudier scientifiquement, et de ne pas le mélanger
sans répit avec ce que l'on a si justement appelé *épiphénomène*, que l'on doit mettre à part non pas pour
le méconnaître mais pour le connaître mieux.

Afin de déblayer le terrain, il faudrait d'abord s'attacher exclusivement à ce qui est commun à tous les
êtres vivants sans exception, et par suite rejeter toute
influence de l'*animisme*, cette doctrine qui attribue
une âme (anima) à tous les animaux, parce qu'en
effet il peut en être question chez quelques-uns
d'entre eux. Nous reprendrons ce sujet comme terminal, mais jusqu'à ce que nous soyons à ce terme,
n'en parlons pas, n'y pensons pas.

Assez proche parent de cette conception est aussi
le *vitalisme* qui remplace la notion d'âme par celle
de force vitale, commune à tous les vivants et spéciale
à eux. C'est là une de ces illusoires causes secondes
qui, introduisant prématurément le concept de cause,
arrêtent la recherche, endorment l'esprit et ruinent
ses tentatives pour approcher le vrai.

Au surplus, s'il est une qualité essentielle parmi celles qui servent à définir le concept de cause, une propriété *sine qua non*, c'est que la cause soit extrinsèque. Or, si l'on veut mettre à part dans l'ensemble du Cosmos le groupe des vivants, si l'on en fait un tout isolé et défini, la cause qui permet de le rendre ainsi distinct doit être extrinsèque, c'est-à-dire en dehors de lui, non intrinsèque, c'est-à-dire en lui. Et comment alors concevoir le vitalisme? Comment se représenter une force vitale qui soit étrangère aux vivants et en dehors d'eux?

On peut le faire en rattachant directement la vie et les formes à l'acte créateur et à la volonté créatrice, sans se préoccuper d'aucun intermédiaire, d'aucun processus réalisateur, ni d'aucune analogie avec quoi que ce soit. On peut d'ailleurs le faire, comme nous l'avons déjà dit, pour tout objet quel qu'il soit. Cela revient à supprimer la science ou tout au moins à la réduire à sa partie statique qui se borne à décrire et classer les objets, effets terminaux. Mais cette suppression n'est possible que par l'ignorance. Comment faire oublier à ceux qui les ont vues les séries embryologiques et paléontologiques qui témoignent d'un processus continu et d'une évolution? Comment faire oublier que ces prétendues forces vitales sont, en toutes circonstances, diminuées, accrues, supprimées ou mises en branle par des énergies physiques, exactement comme si elles étaient de même nature que celles-ci.

Plus justement à notre avis ou, pour mieux dire, d'une façon plus conforme à la méthode scientifique et qui même seule permette à celle-ci de se manifester pleinement, on peut encore rechercher les causes extrinsèques de la vie de la manière suivante.

Tous les phénomènes qui se passent dans les vivants, et ne parlons pas encore des épiphénomènes, toutes les actions qu'ils accomplissent, toutes les forces qui les agitent sont exactement de la même nature que les phénomènes, les actions et les forces révélés par les études physico-chimiques dans la partie brute du Cosmos. Aussi bien, si l'on croit à une puissance créatrice unique, pourquoi n'arriverait-on pas à déceler l'unicité de son travail? pourquoi ne pourrait-on pas apercevoir une seule énergie à travers toutes les choses créées?

Et si cependant il y a des différences manifestes dans les résultats derniers, dans les effets terminaux, dans les apparences qui frappent nos sens, n'en faut-il pas chercher la raison dans la finalité dont nous n'avons encore rien dit plutôt que dans l'efficience, à laquelle nous nous sommes obstinément tenus en parlant de causalité.

Telle doit apparaître quant à ses principes la méthode scientifique la plus complète et la plus hardie et telle nous allons la retrouver à un niveau de moindre généralité.

Le procédé d'investigation ou d'analyse qui consiste essentiellement à réduire en discontinu le donné continu a toujours été pratiqué par l'esprit humain, puisque aussi bien c'est le fondement même de la parole et du langage. Depuis le xviiie siècle et dans toutes les sciences, le procédé montre une extension et une généralisation des plus remarquables. Il est en effet la base du calcul infinitésimal qui s'est trouvé si fécond; il a tracé la voie suivie par la physico-chimie, que nous avons décrite au chapitre précédent et qui nous a conduits à la réalité de l'atome. Il a aussi marqué les étapes de la biologie.

Par l'anatomie, les corps animaux et végétaux ont été progressivement décomposés en organes, par la physiologie, leur vie a été décomposée en fonctions. Le microscope a réduit les organes en tissus et ces derniers en cellules, accessibles, visibles chez tous les êtres vivants. Tout cela a été bien fait et cette analyse a donné comme résultat primordial une certaine homogénéité aux phénomènes de vie, une certaine unité sous la diversité des formes.

A cette étape et sans parler de l'embryologie ou de la paléontologie qui, par la considération du temps, mettent hors série les sciences biologiques, celles-ci manifestent un degré d'avancement comparable à celui de la chimie quand elle eut réduit tous les objets bruts en un petit nombre de corps simples et montré que ceux-ci ne se combinaient qu'en proportions définies et suivant leurs poids atomiques.

A partir de ce stade et pour aller plus loin dans la voie de la décomposition en discontinu, deux courants se sont dessinés en biologie parmi les hommes de science, l'un qui coule vers la physico-chimie pour y confluer, l'autre qui poursuit un cours distinct de ces sciences et aboutit en définitive à un véritable atome biologique sans rapport quelconque avec l'atome matériel.

La réduction du continu en discontinu, si générale dans toutes les sciences, se montre donc comme une loi fondamentale de l'entendement et traduit une

qualité essentielle de l'esprit humain. Cette manière
d'agir trahit-elle une infirmité de l'esprit, une incapacité à varier ses méthodes, une impuissance à
saisir d'emblée le continu? Cela, je l'ai cru longtemps
et je persiste à croire qu'effectivement notre esprit
fini et discontinu ne peut arriver par ses seules ressources à concevoir l'infini continu. Toutefois, il convient d'observer que la poursuite du discontinu n'est
pas si vaine puisqu'elle a abouti à toucher le réel
dans l'atome par la physico-chimie. Il semble que,
dans cette voie, notre esprit ait été comme guidé par
une divination obscure, par une certaine adéquacité
avec les phénomènes du monde, par une certaine cor-
respondance qui le dépasse, entre toutes les choses
créées dont il fait partie.

Au surplus, cette analyse, qui nous éclaire et nous
instruit, cela n'est pas douteux, cette désintégration
est la tâche relativement facile de l'esprit et cela dans
toutes les sciences. La synthèse, l'intégration, est
toujours beaucoup plus difficile, le plus souvent
même elle est impossible techniquement. Dans combien de problèmes les mathématiciens savent-ils
poser des équations différentielles qu'ensuite ils ne
peuvent pas intégrer? Après combien d'efforts les
physiciens, qui savent faire de l'électricité avec de la
matière, sauront-ils faire une matière fixée d'avance
avec de l'électricité donnée?

Rien cependant n'oblige à croire que l'homme
aujourd'hui impuissant devant ces énigmes le sera
toujours et que, de progrès en progrès, il ne puisse à
la longue atteindre une solution dont l'espérance n'est
pas absurde. Il ne s'agit aucunement bien entendu

d'un espoir créateur, puisqu'il faudra toujours un
donné; il s'agit seulement d'arriver à pénétrer les
processus assez efficacement pour les dérouler nous-
mêmes sur une petite section pour notre instruction
ou notre utilité.

Maintenant comment se fait-il qu'une méthode
ayant donné en mathématiques et en physique des
résultats si brillants et si encourageants ait échoué
en biologie de la plus piteuse façon? C'est qu'elle y a
été appliquée sans critique et sans discernement.

Comme un essaim de mouches obstinées à tra-
verser une vitre, de nombreux biologistes, revenant
toujours à la charge de la même manière, variée seulement quant aux mots et quant à leur adaptation aux
découvertes techniques en faveur, ont successivement
conçu des particules, des *physiological units*, des
gemmules, des micelles, des somacules, des idio-
blastes, des biophores, que sais-je encore. Tous ces
termes désignent au fond des atomes biologiques.

Weismann, sous le nom duquel a fini par se con-
centrer ce que beaucoup prennent pour une théorie
et qui n'est qu'un verbiage informe, poursuivant la
décomposition du continu vivant en discontinu au
delà de la cellule, s'accrochant comme technique aux
seuls faits découverts dans la division cellulaire, distingue successivement les étapes suivantes : unité
nucléaire — unité chromatique, anse ou *idante* —
unité matérielle, chromosome ou *ide* — unité molé-
culaire ou *déterminant* — unité atomique ou *biophore*.

Ayant accompli cette belle tâche qui n'est rien
puisque le déterminant et le biophore sont de pures
hypothèses, il replace sur eux toutes les qualités qui

particularisent chaque être vivant et qui redeviennent
ainsi des entités d'autant plus précises qu'elles ont
ou sont censées avoir un substratum matériel.

L'échec est d'autant plus apparent que justement,
comme nous l'avons remarqué, l'analyse physico-
chimique n'a progressé et la marche vers l'atome n'a
abouti qu'en éliminant successivement toutes les
qualités et toutes les substances. Dans le weisman-
nisme, ou dans toute autre doctrine analogue, les
qualités ne sont plus des *phénomènes* complexes et
terminaux, ce sont des *êtres* et nous rentrons ainsi
dans le réalisme, avec le sens qu'on donnait à ce mot
aux plus mauvais jours de la scolastique médiévale.

Encore au Moyen Age avait-on une ressource pour
faire sortir la causalité de l'intrinsèque, où elle ne
peut tenir sans cesser d'exister. La science étant totalement subordonnée à la théologie, le recours immédiat à la puissance divine et à l'action directe de Dieu
en chaque cas particulier donnait une solution qui
évitait à la science d'avoir à s'exercer.

Aujourd'hui il n'en est plus de même et les weis-
mannistes n'ont de recours que dans le hasard indéterminé et dans la sélection naturelle qui en résulte.
C'est pour la science une autre forme du renoncement
car le hasard n'est que l'ensemble des déterminismes
considérés comme trop compliqués pour être connais-
sables ; le calcul des probabilités n'est qu'un groupement logique de cet inconnaissable dans la mesure
où il se peut masser. C'est une méthode fort intéressante pour effleurer tant bien que mal des problèmes
inabordables autrement; c'est un début pour amorcer
des recherches qu'on ne sait comment prendre. Ce

ne peut être une théorie terminant une science.

Laissons donc cette voie facile qui conduit à une impasse et revenons à la voie du déterminisme physico-chimique, singulièrement plus ardue, plus confuse, plus difficile à bien apercevoir, mais qui au moins peut se poursuivre presque indéfiniment.

Puisque nous ne faisons pas de technique, mais que plutôt nous examinons quelques principes généraux, disons tout de suite que le déterminisme scientifique ou déterminisme des phénomènes se distingue du déterminisme en tant que doctrine philosophique parce qu'il est plus limité et moins absolu. L'idée de déterminisme évoque celle de nécessité, de dérivation nécessaire et aussi celle de contingence qui lui est opposée.

Un philosophe éminent, M. Boutroux, a écrit sur la « Contingence des lois de la nature » un livre devenu classique. J'en admets volontiers les divers passages pris un à un où s'accusent tant de pénétration et de savoir; j'en admettrais aussi la synthèse, mais je ne suis pas séduit par la façon dont est établie celle-ci. L'auteur, à mon avis, abuse de la contingence. Au surplus la science a quelque peu changé depuis 1874; reprenons donc ce sujet sous un autre aspect.

« On peut distinguer, dit M. Boutroux, dans l'univers, plusieurs mondes qui forment comme des étages superposés les uns aux autres. Ce sont, au-dessus du monde de la pure nécessité, de la quantité sans qualité, qui est identique au néant, le monde des causes, le monde des notions, le monde mathématique, le monde physique, le monde vivant et enfin le monde pensant. » Il admet à chaque passage une certaine contingence qui peu à peu, sous sa plume, évolue en liberté.

Pour ma part je vois la quantité, les notions, la mathématique, comme aussi bien la peinture et la poésie, non comme des mondes spéciaux mais comme des travaux de la pensée et je les incorpore au monde pensant. Ensuite, je série ce qui reste dans l'ordre suivant : le monde physique, le monde vivant, le monde pensant, le monde des causes.

Au lieu d'écrire cette série linéairement, plaçons-la sur un cercle de la manière suivante :

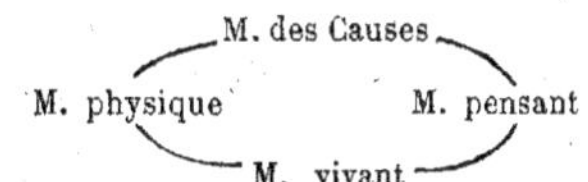

sans y attacher aucune autre importance qu'une facilité d'exposition.

Avant de se hâter de disposer la contingence entre les différents termes, il faut d'abord constater qu'ils forment une série irréversible. Cela veut dire que si le passage de l'un à l'autre peut être subjectivement conçu et se réalise objectivement dans un sens ou dans l'autre, on ne peut en aucune façon concevoir que les phénomènes apparus ou les actes accomplis dans un sens puissent trouver, dans l'autre sens, des phénomènes ou des actes qui leur équivaudraient, qui seraient leurs inverses exacts, qui pourraient les annuler ou les remplacer? Pour fixer les idées par

un exemple brut : la vie n'est pas le *contraire* de la
« non-vie », c'est autre chose.

Dans la mesure où une figure aussi simple peut
suggérer une représentation approximative pour
exprimer la complexité des choses, on peut dire que,
partant de la cause pour revenir à la cause, si on
tourne dans le sens inverse, on marche de l'efficience
à la finalité; si on tourne dans le sens direct on
marche de la finalité à l'efficience. Sens direct est,
par définition, celui des aiguilles d'une montre vue
par le cadran; sens inverse s'en déduit.

Il y a une voie facile de passage, la voie directe
que pour cela on peut dire aussi la voie descendante.
Il y a également une voie difficile que par opposition
on peut dire ascendante, c'est la voie inverse. Par
exemple, l'être vivant devient très facilement de la
matière inerte; beaucoup plus laborieusement la
matière inerte est incorporée à la vie, mais elle peut
l'être, car c'est là toute la vie. Dans une autre section
de la série, la pensée, la volonté peuvent agir énergi-
quement et rapidement sur les phénomènes et les
actes de la vie et même les supprimer (suicide,
meurtre); beaucoup plus lente et plus difficile l'action du vécu sur le pensé, mais elle existe (discipline,
éducation, psychoses, etc...).

Il y a là un ensemble dont nous laissons provisoi-
rement la plus grande partie dans l'ombre et dont
nous dirons seulement qu'on en retrouverait l'analogue dans ce qu'on appelle la dégradation et la réhabilitation d'énergie. Nous nous arrêtons à cette indication pour l'instant, devant faire de cette question
le thème de notre seconde partie et nous nous bor-

nons à remplacer la notion de contingence par celle beaucoup plus féconde et plus précise d'irréversibilité.

Nous avons établi cette série seulement pour montrer la position du déterminisme biologique qui couvre la section du monde vivant et ses raccords avec le monde physique et le monde pensant. Ce qui est en dehors de cela, surtout vers le terme pensant, lui échappe.

Au centre du domaine biologique, en pleine physiologie, les travaux de Claude Bernard et de ses disciples ont établi le déterminisme physico-chimique des phénomènes de vie et il n'y a pas à revenir là-dessus. Chaque fonction, chaque détail de la fonction s'accomplit identique, si on est placé dans les mêmes conditions définies et si on suppose constantes les conditions indéfinies, ce à quoi correspond la formule « toutes choses égales d'ailleurs ». Cette formule toujours exprimée ou sous-entendue en biologie devrait l'être toujours partout. Il est bien évident par exemple que la ligne droite n'est le plus court chemin d'un point à un autre que « toutes choses égales d'ailleurs ou « toutes choses supprimées d'ailleurs » si l'on veut s'en tenir à la violente abstraction, qui au reste consiste justement en cette suppression.

Remarquons en outre que la quiétude intellectuelle apportée par cette formule et par l'abstraction qu'elle consent est juste la raison qui permet de se satisfaire avec le conditionnement en se désintéressant de la causalité. Car les phénomènes de vie, ou plus généralement les phénomènes concrets sont complexes et il est difficile, pour ne pas dire impossible, de tout

définir rigoureusement en chaque cas donné. Par la
formule précédente on y renonce. Si on s'y efforçait
vraiment, au lieu d'y renoncer, on accéderait ainsi à
la notion de cause. Prenons un exemple pour fixer
les idées.

Sur un chien, je dissèque le nerf pneumogastrique; je le coupe, le cœur se met à battre folle-
ment; j'excite électriquement le bout périphérique
du nerf, le cœur s'arrête net et aussi longtemps que
dure l'excitation. Si celle-ci n'est pas trop prolongée
et qu'on la cesse, le cœur reprend ses battements.
Tant que je voudrai le résultat sera le même; il sera
pareil sur un autre chien, sur tous les Mammifères.
Admettons qu'il le sera encore sur tous les Vertébrés,
partout où il y aura un pneumogastrique et un cœur.

Voilà un déterminisme physiologique; voilà des
conditions fixées et, comme le dit fort justement
Claude Bernard, la causalité n'est pas touchée par
cette expérience pas plus qu'elle ne le serait par
toute la physiologie considérée comme une discipline
séparée du reste.

Mais qui oblige à cette séparation si ce n'est les
raisons pratiques de la recherche? Qui empêche de
se demander ce qu'est un pneumogastrique, ce qu'est
un cœur, ce qu'est un Vertébré, quand et comment
tout cela est apparu, s'est développé, s'est compliqué;
comment tout cela se rattache à des formes beaucoup plus simples de la vie, jusqu'aux plus simples;
comment enfin celles-ci se distinguent à peine de la
matière brute? Nous rentrerions alors dans la physico-chimie pure et nous savons déjà où cela nous
mènerait.

Ce n'est pas une expérience, ni même une science
qui peut conduire à la causalité, c'est l'ensemble de
toutes les sciences. Ce n'est pas en pensant à un seul
fait si net soit-il qu'on y peut accéder; c'est en pensant à tout à propos de chaque chose.

Evidemment c'est très difficile et ce n'est pas dans
les habitudes; cependant tant qu'on ne l'a pas fait
on n'a rien fait..... que des préliminaires.

Pour insister un peu plus sur une des régions de ce
vaste ensemble, arrêtons-nous un instant sur le rattachement de la vie élémentaire aux phénomènes de
la chimie et voyons en quoi consistent les difficultés
qu'on y trouve.

La substance vivante ou protoplasme est un
mélange d'albuminoïdes. Or ces composés sont les
plus complexes de ceux que la chimie étudie. Malgré
les progrès réalisés en ces dernières années, il reste
beaucoup à chercher et à apprendre sur cette question.

Ces albuminoïdes font partie du groupe des corps
colloïdaux, ceux précisément sur lesquels la chimie
nous renseigne le moins. Leur étude très ardue,
privée de la ressource technique de la cristallisa-
tion, foisonne de phénomènes irréversibles qui rendent impossibles les vérifications par retour au point
de départ, se heurte à chaque pas à de brusques et
déconcertantes discontinuités ou ruptures d'équilibre.
On y travaille cependant et on y progresse.

Les phénomènes essentiels de la chimie vivante
qui s'opèrent par diastases, toxines, etc... sont des
catalyses. Et sans doute la chimie connaît, en
dehors de la vie, ces réactions que produisent cer-

tains corps sans paraître y prendre part, ces réactions matérielles dans lesquelles l'aspect de force est
plus frappant que l'aspect de masse. Mais ces études
sont les plus difficiles et les plus récentes. On travaille cependant là aussi et on progresse.

En résumé donc, les embarras que l'on rencontre
sont des embarras physico-chimiques. Il n'y a aucune
raison de supposer que derrière notre ignorance il y
ait de l'indétermination, que derrière le compliqué il
y ait de la contingence.

Il est bien certain que le monde physique, tel qu'il
nous est donné ou plus exactement tel qu'il nous est
connu, n'implique pas nécessairement la vie, c'est-à-
dire que nous ne pouvons pas, par le raisonnement,
déduire celle-ci des principes et axiomes que nous
avons retirés par abstraction de notre expérience sur
le monde physique; c'est peut-être d'ailleurs que nos
principes sont à retoucher ou nos raisonnements à
revoir, mais surtout c'est à dire que nos connaissances expérimentales ne nous permettent pas encore
de faire la vie nous-mêmes.

Il est alors possible de concevoir à ce passage un
nouvel apport causal, ou plutôt une manifestation de
cet apport sur la terre dans une certaine zone temporelle. Mais rien ne prouve, puisque nous en arrivons
à envisager le temps, que cette manifestation n'est
pas le déroulement nécessaire, sans contingence, de
tout le passé antérieur, qu'autrement dit cet apport
n'est pas nouveau, qu'il était dès l'origine impliqué
dans tout ce qui allait s'effectuer. Et nous arrivons à
soupçonner que les discussions dont on pourrait
enguirlander le sujet n'auraient guère d'importance

puisque encore une fois elles reviendraient à savoir
s'il convient d'aplatir ou de dilater un espace temporel, s'il convient de traiter l'éternel et le stable
comme nous le faisons du passager et du mouvant.

Les mêmes considérations se placeraient au passage entre le vivant et le pensant.

Sans doute cela ne veut pas dire que la cause
première s'est *épuisée* tout entière en 'une seule fois
dans la série des effets qui nous sont connus et dans
tous ceux que nous pourrions par analogie imaginer
même à l'infini, ni qu'elle se soit en quelque manière
transformée en eux et là se placerait à discrétion la
contingence. A côté de l'effectué et du réalisé rien
n'empêche de concevoir un autre infini de possible et
de réalisable; mais celui-ci est en dehors de la
science et l'esprit scientifique ne peut en aucune
façon l'imaginer car il serait alors radicalement et
totalement différent de tout ce que nous savons.

Le déterminisme scientifique porte exclusivement
sur le réalisé. Son procédé technique est l'analyse.
On isole par abstraction, hors de l'ensemble des
choses, tel phénomène que l'on peut définir et délimiter par la pensée et la parole. On recherche et l'on
précise ses conditions. On ne doit pas s'arrêter là et
il faut aussi fixer et préciser les conditions des conditions et ainsi de suite indéfiniment.

Il y a science par ce fait que la recherche indéfinie
des conditions n'est pas divergente. Cela veut dire
que partant d'un phénomène, ou d'un autre, ou d'un
autre encore, on n'est pas enfilé à chaque fois dans
une direction nouvelle sans rapport avec les précédentes mais que, bien au contraire, les diverses voies

suivies convergent et ramènent toutes sur des phénomènes de même sorte, toujours rencontrés, qui
par cela s'indiquent comme généraux et tous nous
ramènent dans le monde physique. Et cela signifie
non seulement que nous établissons des rapports,
mais encore qu'il y a des lois et que nous les décou-
vrons.

La voie synthétique qui consisterait à refaire
nous-mêmes de la vie avec de la matière brute ne
peut à l'heure actuelle être efficacement cherchée,
car les phénomènes les plus généraux sont encore
trop compliqués pour notre connaissance. Mais il
n'est aucunement absurde d'espérer que l'on puisse
un jour trouver quelque passage pour y accéder.

L'esprit scientifique est donc porté à concevoir le
déterminisme, la nécessité, la loi, l'ordre dans tous
les phénomènes et même dans tout le réalisé. Le
déterminisme qu'il conçoit s'oppose à toute idée de
hasard, de quelconque, de n'importe quoi arrivant
n'importe comment, n'importe où et n'importe quand.
Il ne s'oppose à rien d'autre. De plus, redisons-le, ce
déterminisme étant scientifique ne porte que sur le
mesurable, par sa définition même.

Dans la science technique le déterminisme oblige
donc à rechercher avec précision les conditions de
chaque phénomène ; voyons en passant comment la
mentalité qu'il présuppose et qu'il fortifie peut diriger
l'imagination dans quelqu'une de ces hypothèses
par lesquelles se prolongent les découvertes de fait
et, par exemple, dans celle où l'on s'est complu sur
la pluralité des mondes habités.

Depuis Copernic, Képler et Galilée, la Terre,

ramenée au rang d'une planète quelconque dans le
système solaire, a tout d'un coup perdu la place
privilégiée que les anciens hommes lui attribuaient
dans le monde. Cette déconvenue a conduit un peu loin
et l'on s'est demandé notamment pourquoi il n'y
aurait pas des hommes autre part et spécialement
dans les autres planètes, les sœurs de la nôtre.

Le rigoureux déterminisme nous fera dire à cet
égard : évidemment la Terre n'est pas dans l'Univers
originale de tous points ; elle est même commune
par sa rotation, sa translation, sa gravitation. La
matière qui la forme n'est point spéciale : l'analyse
spectrale nous montre avec évidence les mêmes corps
simples dans tous les astres. Ce n'est pas à dire qu'il
y ait partout les mêmes corps composés ; il est même
probable que cela n'est pas, vu que les conditions de
température, de pression, de pesanteur, de force
centrifuge ne sont pas semblables partout. Il est
raisonnable de croire qu'ils sont au moins analogues
à ceux que nous connaissons et sans doute la chimie
et la minéralogie, pour y être différentes dans la
détail, n'y seraient pas moins des sciences de la
même sorte que les nôtres.

Il est possible encore que, dans plusieurs de ces
astres, les phénomènes de vie aient pu apparaître et
se perpétuer dans leur généralité comme des catalyses
abondantes dans des corps colloïdaux structurés, pas
nécessairement albuminoïdes. Alors quelle biologie
y aurait-il à faire avec eux ? Et surtout quelle morphologie ? Il est tout à fait probable que ces vivants
n'auraient avec les terrestres que des rapports extrêmement généraux et lointains. Et dès lors comment

s'imaginer que les détails de leur longue évolution
aient pu être semblables ? Comment y voir naître des
vertébrés ? Comment des mammifères ? et comment
l'arboricole qui est devenu l'homme ?

Peut-être bien que dans cette vie différente, suivant
une complication et une progression autres, la pensée
aussi a pu arriver à se manifester. On ne peut dire
le contraire. On croirait même volontiers qu'un
événement de cette ampleur n'a pu être particulier à
notre Terre infime. Mais les pensants des étoiles, s'ils
existent, ne sont pas des hommes. De par le déterminisme, il y a à cette hypothèse une improbabilité
qui confine à l'impossibilité — impossibilité qu'on ne
saurait rencontrer en croyant à trop de contingence
dans les lois de la nature.

Le phénomène est ce qui peut tomber sous nos
sens modernes et non pas seulement ce qui pouvait
tomber sous les sens d'Aristote et de Platon. Or de
combien n'avons-nous pas agrandi ce domaine sen-
soriel par la loupe, le microscope, l'ultra-microscope,
la plaque photographique, le thermomètre, le galva-
nomètre, l'électroscope, le spectroscope, etc... et ce
n'est pas fini. Peut-être n'arriverons-nous jamais à
tout attirer dans ce territoire, mais notre devoir est
d'essayer indéfiniment.

Sans être disposés à croire que le monde phénoménal tel qu'il nous est actuellement connu soit tout
le réalisé, il faut tout de même absolument remarquer que l'énorme accroissement de notre sensation
et le développement magnifique de notre connaissance
n'ont aucunement conduit vers du plus confus, du
plus incertain, du moins déterminé, du plus arbitraire

ou du plus contingent. Bien au contraire, à mesure
que se compliquait notre savoir, à mesure se simpli-
fiaient nos doctrines ; à mesure que se diversifiaient
les données, à mesure elles se combinaient avec
plus d'unité.

Ce résultat est de la plus haute portée et des plus
encourageants. Il nous permet d'espérer que la
science peut et par suite doit arriver avec netteté, à
force de persévérance, jusqu'à la causalité en remon-
tant la voie de l'efficience. C'est là sa véritable méthode et c'est celle où, surtout en biologie, on a le
plus de peine à la maintenir. Sous l'influence des
vieilles philosophies, elle cherche toujours à s'échapper vers la finalité qui est bien trop difficile pour elle
et qui lui donne par surcroît de déplorables illusions
de facilité.

CHAPITRE IX

La Finalité en Biologie.

Sommaire. — Finalisme et optimisme. — Interprétations finalistes de quelques phénomènes. — Imagination anthropomorphique de la Providence. — Finalisme et darwinisme. — Le
dieu Hasard. — La recherche de l'efficience fait retrouver le
déterminisme. — Le finalisme repoussé de chaque détail est
reporté sur la synthèse terminale.

Les recherches relatives à la finalité ne peuvent
avoir place dans la méthode scientifique parce que,
faisant incessamment état des notions d'utilité, de
bonté, de beauté, elles se trouvent par cela même
ressortir à la connaissance banale, à la connaissance
littéraire, à la connaissance artistique. La science ne
peut s'intéresser à la finalité qu'après avoir épuisé
tout son effort dans la découverte de l'efficience,
qu'après avoir groupé tous ses résultats dans une
continuité cohérente et au moment même où elle
arrive à confronter ses acquisitions avec celles qu'ont
rassemblées, avec leurs propres manières d'abstraire,
les autres formes de la connaissance.

Mélanger les diverses façons de connaître, sans
unifier les abstractions, ne peut amener qu'une confusion pénible. Nous allons dans ce chapitre montrer
1° comment la science fait fausse route en s'occupant

de la finalité prématurément; 2° comment, à quel stade et avec quelle ampleur, elle peut apporter son tribut pour construire une juste conception de la finalité.

Le finalisme assigne un but aux phénomènes et raisonne en partant d'eux et en regardant l'avenir; le déterminisme au contraire recherche une efficience et raisonne en regardant le passé. Le finalisme introduit nécessairement les notions d'utile et de nuisible que le déterminisme ignore.

Nous avons en débutant montré la continuité entre les sciences, traduisant une unité, laquelle ne peut être altérée au fond et permet tout au plus des distinctions apparentes, des différences superficielles accessoires et techniques, mais pas d'essentielles oppositions allant jusqu'à impliquer une différence de mentalité.

Et ce serait une différence de mentalité qui séparerait des autres les sciences biologiques s'il était vrai que le finalisme y serait toujours possible, on peut même dire facile, tandis que le déterminisme y demeurerait difficile à introduire et toujours marchandé.

Pourquoi, banni des sciences physiques, le finalisme persiste-t-il dans les sciences naturelles? Y a-t-il là une différence essentielle? En aucune façon.

A l'aurore des sciences physiques, on disait couramment l'eau monte dans un corps de pompe parce que la nature a horreur du vide et que le fluide se précipite *afin de*, dans le but de satisfaire ce sentiment. C'était une explication purement finaliste. Son introduction avait pour origine une ignorance

compensée par une supposition anthropomorphique
sur la nature. On apprit sur ces entrefaites que l'air
est pesant et que le poids de l'atmosphère fait
monter l'eau à une certaine hauteur, pas au delà.
Tout le monde l'admit, la cause fut entendue pour
toujours.

C'est aussi qu'en vérité les phénomènes physiques
sont, à ce qu'il semble, si éloignés de l'homme qu'il
est difficile d'y introduire des sentiments humains ;
la poésie toutefois ne manque pas de le faire, mais la
science ne demande pas mieux que d'y renoncer dès
qu'elle a un bon prétexte.

En sciences naturelles, relativement aux vivants dont
l'homme fait justement partie, il est au contraire
extrêmement facile, vu les analogies et les voisinages,
de faire refluer le pensant sur le vivant, de transposer des sentiments humains ; il est très difficile de
faire renoncer à cet usage et de faire admettre
comme valables les raisons que l'on donne à l'appui.
Pis encore, quand on croit avoir cause gagnée, quand
on est arrivé à faire prononcer les mots qu'il fallait,
on s'aperçoit que l'idée demeure et qu'elle est toute
prête à reparaître à la première occasion.

Et tout ceci arrive parce que l'homme, vivant en
même temps que pensant, a plus de peine à bien
objectiver les phénomènes de vie et non parce que
les sciences biologiques sont en retard sur les autres
et plus chargées d'ignorance.

Le finalisme, avons-nous dit, assigne un but aux
phénomènes. Il est extrêmement curieux de distinguer comment cette assignation est faite. Jamais on
n'entendra dire « les maladies ont été données aux

animaux et aux plantes *afin de* les faire crever » ni
« les phénomènes de vie ont *pour but* de conduire
les êtres vivants à la vieillesse et à la mort ».

On discerne toujours dans le but quelque chose
d'utile, de bon ou de supposé tel. Et ceci nous montre
qu'un finalisme de cette sorte est un désir et une
espérance beaucoup plus qu'un savoir.

Cependant, suivant les auteurs et suivant les
époques, le finalisme en sciences naturelles se présente avec des degrés et l'on peut en quelque sorte
dans son histoire apercevoir des étapes régressives et
prévoir la réduction de ses empiétements.

Les notions d'utile et de bon, intimement asso-
ciées à la thèse finaliste, ne sont pas absolues mais
sont essentiellement relatives ; il faut toujours
entendre utile à quelqu'un, bon à quelque chose.
Dans une première approximation finaliste, les phénomènes naturels sont considérés comme utiles à
l'homme et cela correspond en somme à la connaissance banale. Les animaux perdent leur toison d'hiver
pour que l'homme la recueille et en fasse des feutres
et des draps ; les moutons ont trop de laine afin
qu'on les tonde ; les vaches plus de lait qu'il ne faut
afin qu'on le prenne. Le melon est naturellement
divisé par ses côtes en parts égales pour qu'il soit
mangé équitablement en famille.

Ce finalisme par trop naïf, qui fit encore la gloire de
Bernardin de Saint-Pierre, ne peut avoir sa place
dans une connaissance savante et désintéressée. Mais
en revanche nombreux sont ceux qui s'imaginent que
les phénomènes sont utiles ou bons pour les animaux
ou les plantes dans lesquels ils se passent. Ce point

de vue domine tous les faits sans exception que réunissent nos sciences; il serait un peu long de le montrer pour tous, choisissons donc quelques exemples.

A part les plus inférieurs qui sont totalement mous, les animaux et les plantes fabriquent, comme résultat de leurs actions vitales, des productions dures, ligneuses, cellulosiques, siliceuses, chitineuses ou calcaires. Agglomérées en fibres, en spicules, en carapaces, en coquilles, en squelettes, elles contribuent à donner aux êtres une certaine rigidité.

Cette rigidité est considérée comme bonne. Pourquoi? Et l'on appelle appareil de soutien l'ensemble destiné à l'assurer. L'optimisme que traduit le mot soutien indique assez la mentalité finaliste quand bien même on n'insisterait pas sur l'excellence de la rigidité admise *a priori*.

Autre chose. Certaines plantes comme la ronce, l'ajonc ont des tiges garnies d'épines piquantes; on pense qu'elles sont destinées à protéger lesdites plantes contre les atteintes des herbivores. Alors les autres végétaux? Ils ont autre chose, l'un ceci, l'autre cela et si les végétariens ne sont pas par ces circonstances condamnés à mort, s'il y a des plantes qui sont tout de même abondamment mangées, il se trouve qu'elles repoussent facilement et se multiplient le mieux.

Il y a aussi des poissons côtiers, comme les cottes, les rascasses, les vieilles, qui risquent d'être surpris dans les flaques peu profondes du bord quand la mer se retire; alors, immobiles, toutes nageoires étalées et toutes épines sorties, ils opposent une garniture

de pointes à ceux qui veulent les saisir — appareil
de défense.

Parfois ces épines inoculent un venin, autre moyen
de défense et très général puisqu'on le retrouve chez
tant de cœlentérés, d'insectes, d'arachnides, de serpents ou même de plantes comme les orties.

Voici maintenant la coloration des fleurs. La fleur,
organe de reproduction, porte souvent un petit nombre de couleurs assez vives : blanc, jaune, bleu,
rouge, brun, diversement combinées. Elles ne sont
remarquables que parce qu'elles tranchent momentanément sur la verdure ordinaire et certainement elles
sont intéressantes de plusieurs façons compliquées.

Mais, insoucieux de toute complication, on a cherché dans l'explication simple ordinaire l'utilité pour
la plante d'attirer de loin les insectes en leur signalant les réservoirs de nectar et d'assurer ainsi le
transport des pollens et la fécondation croisée favorable. C'est l'utilitarisme à double détente.

Cependant laissons la critique et bornons-nous à
exposer des points de vue pour montrer leur extension et leur variété.

Tous les animaux ont la surface de leur corps
revêtue de productions diverses plus ou moins dures
qui forment ce que l'on nomme des carapaces, des
tests, des fourrures, des plumages. Résistantes, plus
ou moins mauvaises conductrices de la chaleur, ces
productions toutes ensemble sont dénommées appareil de protection. Les animaux que nous avons dit,
tout à l'heure, soutenus sont maintenant protégés.
La nature agit comme une société protectrice des
animaux.

Ces revêtements de corne, d'écaille, de poils ou de plumes ne sont pas seulement mauvais conducteurs de la chaleur et peu perméables à l'humidité, ils sont souvent brillamment colorés; ils n'épousent pas rigoureusement les contours du corps, ils se hérissent en épines, se boursouflent en aigrettes, en crinières, en queues contournées, étalées, ébouriffées.

Pense-t-on que le finalisme va se trouver gêné par ce débordement de pigment, de kératine ou de chitine? En aucune façon. La notion essentielle d'utile, au lieu de s'identifier avec celle de bon, s'identifie avec celle de beau. La société protectrice des animaux devient « l'art pour tous ».

Comment se fait-il que l'immanente bouffonnerie d'une nature ainsi comprise n'éclate pas aux yeux de tous; c'est que cette bouffonnerie est dissimulée dans une certaine mentalité par une armature de sérieux bien construite. Préoccupé de ses fins dernières, l'homme trouve tout simple de rechercher les fins et le but de la nature vivante qui lui est voisine. La solution qui lui a paru convenable pour lui pensant lui paraît bonne aussi pour la nature vivante; il ne songe pas d'ailleurs à l'appliquer à la nature physique. Ce qui sauve tout c'est la notion de providence imaginée d'une certaine façon.

Et pour imaginer cette providence les finalistes ne se fatiguent pas. Ils la voient surveiller d'une façon minutieuse et façonner le monde comme un homme très bon, très soigneux, très zélé, façonnerait et surveillerait lui-même, sans se décourager quand le succès ne récompense pas ses efforts ou ses tentatives, soucieux d'une foule de petits détails auxquels

il s'amuse, petits détails disparates comme le venin
des serpents ou le parfum des fleurs et qui n'ont
entre eux d'autres liens qu'une utilité pour l'être cherchée, voulue, trouvée soit dans le bon, soit dans le
beau.

Mais comment tout cela satisfera-t-il ceux qui ne
veulent pas se représenter le divin, ou ceux qui le
considèrent comme inaccessible par la science et qui
le déclarent inconnaissable par cette voie, ou ceux enfin
qui, repoussant toute image anthropomorphique du
divin, n'accèdent à lui que par la voie d'une loi universelle de laquelle tout le réalisé, aussi bien dans
la nature physique que dans la nature vivante, malgré sa multiplicité innombrable et sa diversité infinie,
dérive, comme une inévitable conséquence, par des
étapes nécessaires que l'on peut connaître, si on les
cherche bien, si on les cherche juste.

Entre le finalisme décidé et le déterminisme pur
se trouvent les théories modernes qui se réclament de
Darwin, non pas parce qu'elles sont évolutionnistes,
l'évolutionnisme pourrait être complètement déterministe ou complètement finaliste, mais parce que dar-
winiennes.

La doctrine certainement ne pose pas en principe
la recherche de la finalité ou du but à atteindre, mais
elle conserve toutes les notions sur lesquelles celle-ci
repose, à savoir : utilité, bonté, beauté des phénomènes. Elle y ajoute, il est vrai, la nocivité et cela
change tout à fait le point de vue, semble-t-il.

La nature ne travaille plus seulement pour le bien
des êtres mais aussi pour leur mal : il s'y présente
des qualités avantageuses et d'autres qui sont funestes.

D'ailleurs les qualités avantageuses assurant la persistance des êtres qui les portent au détriment de ceux qui sont affligés de qualités funestes, ce qui est proprement la sélection naturelle par le struggle for life, l'émergence du meilleur n'en résulte pas moins que dans la précédente thèse finaliste, mais c'est peu à peu, à la suite d'un processus évolutif, à travers mille oscillations ou reculs. C'est une sorte de lutte entre le bon et le mauvais, entre Aurmazd et Ahriman, dans laquelle Aurmazd finalement l'emporte. C'est le progrès.

Cette vision encore qu'incomplète, séparant trop le monde vivant et le monde physique, dans laquelle le bien a pour critère le succès, ne serait pas sans grandeur et sans une sombre poésie, mais scientifiquement elle trébuche sur l'indétermination qu'elle laisse à l'origine. Les qualités que portent les êtres, qui leur deviennent avantageuses ou funestes, arrivent en eux sans qu'on se préoccupe de savoir par quoi ni comment ; ce sont des données sans cause antérieure, ou causées d'une façon si complexe qu'on renonce à la connaître. Elles arrivent au hasard et le Hasard est la divinité supérieure qui met aux prises Aurmazd et Ahriman. Il est impossible d'arriver à une autre conclusion : la cause primordiale est le hasard c'est-à-dire un dieu qu'on ne peut connaître ; nous arrivons à l'agnosticisme complet.

Reprenons les exemples mêmes qui nous ont servi pour illustrer la thèse finaliste dans l'optimisme pur, la doctrine darwinienne y applique automatiquement sa solution passe-partout.

Le débordement de kératine et l'exubérance de la

pigmentation dont nous avons parlé y deviennent
ornements et beauté ; surtout répandus chez les
mâles, ils servent à la séduction des femelles dans
les concurrences amoureuses et assurent la perpétuité des plus beaux. Mais bien entendu il faut laisser
de côté, écarter de cette explication, les riches couleurs des coquilles marines, des méduses, des coraux,
des grandes algues échevelées et la pourpre des hêtres
dans la forêt d'automne.

De la même manière, les carapaces, les tests, les
fourrures, les plumages, les protections enfin se sont
progressivement développés, puis généralisés, par la
disparition prématurée des êtres auxquels le hasard
n'en avait pas donné un peu, puis de ceux qui en
possédaient le moins et ainsi de suite. De cette façon
dans les pays très froids les fourrures sont devenues
plus épaisses, dans les pays à climat variable se sont
établies des fourrures saisonnières, épaisses à l'hiver,
dégarnies au printemps ; car les êtres favorisés par
ces qualités accidentelles et confortables ont survécu
aux malheureux qui gelaient l'hiver et étouffaient
l'été. Et ne demandez pas où sont ceux-ci puisqu'ils
sont morts sans postérité.

Pour ce qui est de la couleur des feuilles on s'y
intéresse peu mais la couleur des fleurs, qui éclate au
milieu d'elles et qui attire les insectes, ce qui assure
la bonne fécondation croisée par le transport des
pollens, est une qualité éminemment favorable que la
sélection naturelle a dû propager. Comment donc
y a-t-il encore des châtaigniers, des chênes, des blés
et des avoines ? Pourquoi dans les midis d'été les
murs couverts de lierre paraissent-ils tout entiers

chantants, tant ils sont remplis par le bourdonnement
des abeilles? Pourquoi ces insectes y sont-ils dix fois
plus pressés que dans la même surface du pré le plus
fleuri ?

Les parfums et l'odorat devraient-ils être mis en
cause? C'est probable. La thèse de la sélection naturelle pourrait dans cette nouvelle voie marcher de
son même pas assuré. Elle ne l'a point fait ; remet-
tons à plus tard d'en dire nous-même un mot
conforme à nos idées.

Les épines des plantes, les venins s'expliquent
on ne peut plus facilement sinon on ne peut mieux
comme moyens de défenses progressivement intro-
duits par la sélection naturelle.

L'acquisition des squelettes se comprend tout aussi
simplement. A supposer que l'état rigide soit utile et
soit même meilleur que l'état mou, à supposer que le
poulpe soit moins heureux que la seiche ou que la
moule, que le vieillard au squelette dur soit mieux en
point que l'enfant au squelette fragile, et que la
vague molle soit inférieure au dur rocher qu'elle
brise, à supposer tout cela, l'acquisition du squelette
peut très bien résulter de la sélection naturelle.

Toutes ces interprétations comportent donc une
très large part d'appréciations purement subjectives.
Et si, pour tous ces faits que nous avons choisis, nous
nous étions efforcés vers l'efficience conformément à
notre méthode propre, nous n'aurions probablement
pas été poussés vers ces appréciations.

Considérons par exemple de ce point de vue les
appareils dits de revêtement ou de couverture. Au
cours des expériences où je maintins au régime

exclusif de la viande crue six générations de poules,
je remarquai un développement exagéré de plumes
sur les pattes entre les écailles qui les revêtent d'ordinaire et je pensai que cette production supplémentaire
de kératine et de plumes était due à l'intoxication du
nouveau régime et constituait un supplément d'excrétion. En conséquence la plume et le poil m'apparurent
comme des excrétions ordinaires, capables de
s'exagérer quand les besoins excréteurs augmentent.

Les organismes mâles, que mes expériences ont
aussi montrés plus intoxiqués que les femelles, sont en
même temps plus garnis de plumes et de poils, sans
qu'il y ait lieu d'invoquer le désir ou le besoin de
plaire aux femelles et pas davantage la sélection des
plus beaux.

L'intoxication organique croissant avec l'âge, les
poussées de poils et de plumes la suivent et, dans
l'espèce humaine par exemple, après les cheveux se
montrent les poils pubiens et axillaires, plus tard la
barbe, plus tard encore les poils de la poitrine chez
les mâles qui ne les ont pas acquis vers la puberté ;
la dernière poussée surgit enfin qui consiste dans
l'allongement et l'épaississement des sourcils. Ces
trois dernières poussées n'atteignent pas les femelles
mieux pourvues en foie et en rein ou, en tout cas, les
atteignent peu et ordinairement tard.

D'autre part, l'abaissement de la température
ralentit certainement les échanges nutritifs et l'on voit
en hiver croître les poussées herpétiques et eczéma-
teuses chez ceux qui en sont atteints. Si la production
du poil et de la plume est une manifestation de
même sorte, il est naturel qu'elle s'exagère au froid,

qu'il y ait des fourrures polaires, qu'il y ait des fourrures d'hiver. Et nous marchons de la sorte vers de véritables explications où ne doivent plus intervenir jamais l'intérêt ou l'avantage, le désir ou la volonté de l'animal.

Sous l'influence de ces idées, a été démontrée d'une façon irréfutable l'étroite liaison, vraie en tout cas, même entre individus de la même espèce, qui existe entre la plume et le foie. Par suite, toutes les questions de parure, d'ornement, de protection et autres sont des problèmes de nutrition et d'excrétion, qu'il faut résoudre chimiquement.

Je pourrais d'ailleurs reprendre à ce point de vue du déterminisme physico-chimique, le seul que j'admette, tous les exemples que je viens de relever et tous les faits de la biologie. Bornons-nous à opposer une dernière fois les deux points de vue sur le prétendu appareil de soutien.

L'excrétion vitale peut être gazeuse (respiratoire), liquide (urine, sueur, venins, etc.), solide (chitine, kératine, silice, calcaire). Les substances excrétées ne sont pas toujours rejetées au dehors; elles restent souvent collées à la surface du corps et constituent les carapaces et les téguments; d'autres fois, elles sont déposées à l'intérieur dans les cellules ou dans les vides entre les cellules et ainsi sont formés des polypiers ou des squelettes. L'être vivant, de son essence mou et plastique, est plutôt gêné qu'avantagé par cet encroûtement, si tant est que ces considérations doivent intervenir. Il continue à remuer souplement tant qu'il peut et, dans les points de mouvement maximum, le dépôt, toujours dérangé, ne se fait pas et l'on dénomme ces points des articulations.

L'être s'adapte donc tant bien que mal à son appareil de prétendu soutien, qui devient enfin, malgré tous les efforts contre lui, un appareil d'*ankylose* quand les articulations finissent par se prendre aussi. Ceci n'est d'ailleurs qu'un facies particulier du vieillissement qui est toujours une accumulation de déchets non rejetés. Dans ce cas, comme dans tous les autres, il reste un équilibre précaire plus ou moins satisfaisant pour un temps, car la mort survient toujours, entre les phénomènes à l'intérieur de l'être et ceux qui lui sont extérieurs.

De tout cet exposé que faut-il conclure ? Que la finalité est un concept illusoire et que la science ne doit jamais l'introduire dans ses raisonnements ? C'est la conclusion à laquelle arrivent les esprits que je considère comme les meilleurs. Et la conclusion tout de même me paraît un peu rude, débordant par trop les prémisses et insuffisamment nuancée.

La vérité me semble comme je l'ai déjà dit que la causalité, aussi bien comme efficience que comme finalité, ne peut ressortir de l'analyse, si pénétrante qu'elle soit, exécutée sur un seul fait ou sur un seul être. Il faudrait, pour réussir cette colossale synthèse avec si peu de données, le prodigieux génie d'un esprit infini. Ce n'est certes point notre pauvre cas humain ; nous ne pouvons appréhender par ce moyen que des conditions du côté de l'efficience et rien du tout du côté de la finalité.

Mais on peut dans quelque mesure suppléer à la faiblesse de la pensée synthétique par l'accumulation des données sur lesquelles, en raison de leur abon-

dance même, les combinaisons logiques deviendront
d'autant plus resserrées, déterminées, imposées qu'il
y aura plus de faits à coordonner et de plus disparates.

Revoyons les grandes masses que nous avons
aperçues dans les chapitres précédents. Nous étions
en dernière analyse arrivés à la force et nous pouvons prendre ce terminus de notre analyse comme une
origine pour notre synthèse de retour. La force
unique, dirigée en forme tourbillonnaire, produit par
son action la matière, les corps, comme aussi bien
les phénomènes impondérables de chaleur, de lumière
et d'électricité. La paléontologie nous apprend que
pendant très longtemps, à la surface de la terre, il
n'y eut que cela. Puis la vie apparut; nos connais-
saces techniques sont largement lacunaires sur cette
origine.

Cependant les études sur la vie élémentaire actuelle
nous montrent qu'elle est uniquement physico-chimique, que rien dans ses manifestations ne déborde
les notions de matière et de force, telles qu'elles nous
apparaissent dans les phénomènes bruts d'osmose, de
tension superficielle, de capillarité, de catalyse.

Et voilà que dans le cours des temps, par une série
complexe, nous voyons, sous le modelage des énergies
ambiantes, évoluer sur les fonds marins les polypiers,
les échinodermes fixés d'abord puis rampants, les
brachiopodes, les gastéropodes et les acéphales qui
rampent aussi ou se fixent. Les céphalopodes charrient
en nageant leurs lourdes coquilles et parmi eux
circulent des poissons agiles, plus agiles dans
l'ensemble que ceux de nos jours. Et progressivement

les lourds arthropodes qui cheminaient d'abord sur les fonds marins abordent le sol bas puis, volumineux insectes, s'élancent dans l'air humide et brumeux des forêts carbonifères. Cependant que les amphibiens émergent aussi et rampent sur la vase au bord des lagunes.

En même temps que les flores se diversifient sur des terres plus variées par le soulèvement des vieilles chaînes montagneuses, les amphibiens cèdent la place à des reptiles extraordinairement divers qui d'abord terrestres et marcheurs se réadaptent à toutes les vies possibles, la nageuse aussi bien que la volante. Sur une terre dont le climat demeure longtemps uniforme, tout ce grouillement silencieux et automatique s'étale et s'épaissit.

Puis voici que les zones climatériques s'établissent peu à peu. C'est, dans les régions refroidies, la mort des reptiles dont le soleil constant ne fait plus éclore les œufs; ils deviennent une faune résiduelle. C'est au contraire l'avènement des oiseaux qui incubent les leurs et soignent leurs petits, aussi bien que des mammifères dont la gestation et la lactation progressivement introduites assurent la survie de leur descendance.

Et donc l'ensemble des choses a tourné de telle sorte que les classes élevées, depuis longtemps sorties des eaux marines, depuis longtemps modelées, éveillées et compliquées par le jeu plus divers de la vie terrrestre, dont le fonctionnement plus régulier et les réactions plus vives ont gagné une température constante, ébauche d'indépendance et presque de liberté matérielle, sont mises dans l'alternative de l'amour maternel ou de la mort. Et l'on ne voit pas bien quel avantage il y a pour elles à cela, ni quel progrès si ce n'est dans la voie de l'élévation morale et vers le don de soi.

C'est une loi naturelle qui joue, une évolution qui se fait. Si l'on veut la discuter, y échapper, « vivre sa vie », c'est la mort de l'espèce.

Les voilà donc, mammifères et oiseaux, maîtres de la terre tertiaire. Les mammifères, dont on peut mieux suivre l'évolution rapide, ont maintenant dépassé le temps de leur splendeur. L'un d'entre eux, l'homme qui pense, a dominé progressivement tous les autres en les refoulant ou les asservissant.

De la force dirigée à la matière, à la vie, à la pensée, nous suivons, c'est entendu, une progression, un déterminisme certain, sinon partout précisément connu. Mais, et voilà une question qui ne s'était pas encore posée pour nous avec cette ampleur, ce déterminisme est-il intrinsèque ou extrinsèque? La série que nous venons de tracer possède-t-elle *en elle-même* toutes les raisons pour qu'elle soit exactement ce qu'elle est? Ce serait la première fois que nous répondrions *oui* à une question ainsi posée, nous avons toujours jusqu'ici répondu *non*. Aucune qualité, aucune substance, aucun corps, aucun phénomène, aucun groupe de phénomènes ne nous ont jamais paru avoir en eux-mêmes les raisons d'être ce qu'ils étaient, nous avons toujours dit que nous devions agrandir la question et chercher en dehors d'eux. Allons-nous nous arrêter parce que nous avons parcouru toute la terre et tout le temps terrestre, si loin encore de l'Infini et de l'Eternel?

Sera-ce agrandir suffisamment le sujet que de chercher des raisons et des causes en dehors de la terre et dans un temps plus ample? Nous savons bien déjà que nous y trouverions la même force et la même matière. Nos observations ne nous ont pas fait savoir s'il y aurait aussi de la vie et de la pensée. Nous ne trouverions donc dans cette extension rien de plus, peut-être quelque chose de moins. Restons alors dans l'évolution terrestre qui comporte pour nous le maximum d'enseignement.

Si nous arrivons à concevoir, sinon encore à prouver précisément, la production de la matière et l'apparition de la vie par la seule action de la force dirigée, encore resterons-nous en face de ces deux termes : la force dirigée et la pensée. Sont-ils réductibles à un seul?

D'une façon irréversible, oui; c'est-à-dire dans un sens et pas dans l'autre. On peut concevoir très bien la pensée comme capable de diriger une force et même de produire celle-ci. L'inverse est tout à fait inconcevable.

Cependant pour nous, qui ne faisons pas d'examen intérieur mais regardons autour de nous, la pensée ne se montre parmi les phénomènes qu'à la terminaison de l'histoire terrestre. C'est une fin. Elle est très manifeste chez l'homme, rudimentaire chez certains animaux : mammifères, oiseaux, quelques insectes.

Ce n'est certes pas cette pensée récente, dont la conscience est dite si justement épiphénomène, qui a pu diriger et produire la force, cause de tous les phénomènes, bien antérieure à elle. Il faut donc, si nous voulons aller plus loin et réduire la dualité réductible dans le sens qui est seul possible, sans introduire rien de plus que ce qui est connu, admettre une pensée primordiale, qui échappe à l'espace et au temps, qui est la cause unique de la force et de tout et dont le dernier travail est un retour à elle-même, retour dont nous pointons les étapes dans la rudimentaire pensée animale et dans la pensée humaine plus haute et plus vaste, bien dépourvue de puissance créatrice, capable cependant de découvrir le processus créateur.

Cette pensée, cause unique et universelle, est à la fois efficiente et finale.

Et si nous revenons au rigoureux déterminisme des phénomènes, qui a été notre règle et notre loi, qui a banni le hasard et l'inconséquent, cette pensée nous apparaît comme une Intelligence et une Volonté.

DEUXIÈME PARTIE

LE MONDE, LA VIE, LA PENSÉE

CHAPITRE I

L'évolution de la vie et la réhabilitation d'énergie.

Sommaire. — Force et travail. — Energie. — Dégradation et
réhabilitation d'énergie. — La vie est une réhabilitation
d'énergie. — Cette conclusion échappe si l'on étudie exclusivement l'animal supérieur adulte. — Les synthèses de la
croissance. — Production des énergies mécaniques par la vie.
— Réhabilitation de l'énergie psychique.

Nos réflexions antérieures nous ont amenés à ce
point que le monde phénoménal peut se réduire
essentiellement à la force dirigée, que la production
et la direction de la force se trouvent dans un monde
épiphénoménal ou pensant, peu accessible à la
science et seulement dans la région où il touche les
phénomènes et dans la mesure où il les touche.

Or la science contemporaine, installée au sein
même des phénomènes, fait dans ses constructions
usage de la notion d'énergie plutôt que de celle de
force. La notion d'énergie ne diffère pas essentiellement de celle de travail, c'est-à-dire qu'elle implique

dans sa définition à la fois la force et le déplacement, par conséquent l'espace.

Il est légitime qu'il en soit ainsi, car la science
fait toujours état de ce qui peut se mesurer et de
cela seulement. Or la force, qui est un concept
métaphysique très net, n'est définie scientifiquement
que par l'accélération qui implique l'espace; elle
n'est pas mesurable au moins directement; elle se
mesure toujours par le travail. Par exemple, au
dynamomètre, la comparaison des forces résulte de
la comparaison entre les déplacements imprimés à
un ressort ou à un poids.

Les leviers, et parmi eux la balance, sont les plus
simples en même temps que les plus précis des
dynamomètres. L'inégalité des poids ou des forces,
ou plus généralement de leurs *moments* (force multipliée par longueur des bras de levier), est manifestée
par un déplacement, donc par un travail. Leur
égalité est manifestée par un équilibre ou une immobilité, donc par une suppression de travail puisqu'il
n'y a plus déplacement.

Cela est tout à fait conforme à la définition mathématique et cela est tout de même choquant, comme
amenant une confusion entre *nul* et *annulé*. A la
vérité, dans ce cas de l'équilibre, le travail n'est pas
supprimé mais il n'est plus apparent, le déplacement
macroscopique s'étant mué en les déplacements invisibles, interatomiques du levier qui relie les forces
équilibrées et qui *travaille*, le mot vulgaire, plus
compréhensif, se substitue de lui-même au mot
précis plus défini.

C'est là toute la discussion qui eut lieu entre

Chauveau et les mathématiciens à propos du travail
effectué par une contraction musculaire sans déplacement, par exemple dans le support d'un poids à
bras tendu. Nous ne prétendons pas la rouvrir à
cette place puisqu'elle pourrait être close par une
terminologie appropriée.

Notre but est ici, pour reprendre pied dans la
science, de descendre du concept métaphysique de
cause, par la notion de force, à celle de travail ou
d'énergie qui est un effet, un phénomène mesurable
et mesuré.

La notion d'énergie joue dans la science contemporaine un rôle capital et les lecteurs qui voudraient
s'en rendre compte d'une façon plus ample trouve-
ront dans cette collection même plusieurs volumes
qui traitent le sujet. Nous en retiendrons seulement
le nécessaire à notre propos.

L'énergie dans le monde brut se manifeste sous
divers aspects : l'énergie mécanique, l'énergie
élastique, l'énergie électrique, l'énergie chimique,
l'énergie calorifique, l'énergie lumineuse. Ces aspects,
divers par les actions exercées sur nos sens, ont un
fonds commun et sont équivalents. Mesurés à l'aide
de certaines unités propres à chacun, ils sont évalués
par des quantités, traduits par des nombres et ces
nombres s'équivalent toujours dans le même rapport.

Le kilogrammètre, le joule, la calorie, sont entre
eux comme les nombres 1 — 0,102 — 0,425, pour
nous en tenir aux équivalences rigoureusement établies. Ce fonds commun et cette équivalence constatée peuvent se comprendre par l'existence d'une
force unique dans ces divers travaux.

7

.La conservation de l'énergie dans un système isolé ne nous intéresse que médiocrement, car cette loi revient à dire que, dans un pareil système, tout travail réalisé ou actualisé était auparavant du travail possible et que tout travail possible reste possible ou s'actualise.

Bien plus intéressante pour nous est la grande loi de la dégradation de l'énergie et de l'irréversibilité totale ou partielle entre les diverses formes que l'énergie revêt.

L'énergie qui rassemble les atomes et qui fait les corps est infinie; nous avons étudié jusqu'à ces derniers temps de petites variations de cette énergie dans nos expériences, dans nos machines, dans notre vie. Les belles recherches sur la radioactivité nous ont récemment fait pénétrer un peu dans ce domaine interatomique. Il semble, en l'état actuel des choses, que toute radioactivité soit une désintégration d'atomes, une démolition, une libération et finalement une dissipation d'énergie sous forme d'électricité et de chaleur. Aucun fait n'a montré une construction, une intégration d'atome plus complexe par le rassemblement d'atomes plus simples, une concentration d'énergie — une création, pour tout dire. Plusieurs physiciens, auxquels répugne manifestement l'idée d'un monde périssable et périssant, supposent que cette intégration se fait peut-être « aux centres des astres », autant dire en précisant moins « dans un autre lieu » et pourquoi pas dès lors et aussi bien « dans un autre temps » ?

Nous avons rangé dans un certain ordre les divers aspects sous lesquels se manifeste l'énergie physique;

cet ordre n'est pas arbitraire, il va des formes dites
supérieures aux formes dites inférieures. Le sens de
ces qualifications est le suivant.

Une énergie supérieure, la mécanique par exemple,
peut être soit utilisée telle qu'elle est, soit intégralement transformée en une autre, la calorifique par
exemple. La transformation est facile et complète :
425 kilogrammètres produiront toujours une grande
calorie. La transformation inverse, celle de la chaleur en travail mécanique est possible elle aussi et se
fera au même taux d'équivalence, mais elle est difficile et incomplète. Elle est difficile parce qu'elle exige
certaines conditions spéciales, c'est-à-dire une chute
de température d'un corps chaud à un corps froid,
de la chaudière au condensateur; sans cette condition
rigoureuse il n'y a pas de machine à vapeur. Elle est
incomplète parce qu'en pratique 10 à 15 p. 100 seulement de l'énergie calorifique sont transformés en
travail mécanique, le reste se perd à réchauffer le
condensateur.

Il y a donc une voie facile et une voie difficile, il
n'y a pas réversibilité complète; il y a des formes
supérieures et des formes dégradées de l'énergie. Ces
dernières en faisant retour aux premières effectuent
une « réhabilitation d'énergie » et, dans le monde
physique, cette réhabilitation est laborieuse et toujours compensée par une perte supérieure d'énergie
dissipée. Dans une machine à vapeur la dissipation
va jusqu'à 85 et 90 p. 100 de la chaleur produite au
foyer.

Sans doute les notions d'énergies utilisables et
d'énergies de déchet sont relatives à l'utilité que

l'homme en peut retirer. Il est dans cette définition une sorte d'étalon de l'utile; il fixe néanmoins un niveau au-dessus duquel se trouvent certaines formes de l'énergie et certaines autres au-dessous.

Beaucoup de physiciens et spécialement lord Kelvin, frappés par cette universelle dégradation d'énergie, y voient la grande loi du monde actuel et en déduisent sa marche fatale vers l'homogène, l'abaissement de toutes les énergies supérieures à la forme calorifique, tendant vers un équilibre de température.

Or, dans cette prodigieuse destruction, dans cet épouvantable retour au néant, la vie me semble un arrêt, arrêt partiel, car elle comporte aussi de manifestes dégradations, arrêt local, s'il est vrai qu'elle existe sur la Terre seulement, arrêt momentané, c'est-à-dire pour quelques centaines de millions d'années. Elle est même plus qu'un arrêt; elle est une réhabilitation d'énergie, transformant l'énergie chimique en énergie mécanique, *sans chute de température interposée*, permettant même l'apparition d'énergies nouvelles que le monde brut ignore et qui sont manifestement des formes supérieures, je veux dire les énergies psychiques.

Nous avions exposé au début que la vie ne semblait pas pouvoir être définie ni mise à part avec précision parmi les phénomènes physico-chimiques. Nous n'avions pas trouvé de distinction quantitative pour appuyer notre intuition de son existence spécifique et voilà que maintenant nous rencontrons une définition qualitative. Ce retour à la qualité est-il une sortie de la science? Non, car il ne s'agit pas ici d'une qualité complexe échappant totalement à la mesure, mais

d'une qualité extrèmement simple, d'un sens d'irréversibilité dans les équivalences. Que si cette irréversibilité apparaissait tout de même comme une qualité
irréductible à la quantité, encore ne discuterions-nous
pas trop longuement, car nous savons bien que la
science, comme toute autre forme de la connaissance,
a ses bornes et puisque nous sommes ici tout à fait
dans la région frontière, il n'y a pas évidence que
nous soyons un peu en deçà ou un peu au delà de la
limite. Laissons cela.

Dans son beau livre *La Vie et la Mort*, Dastre,
mon ami regretté, envisageant le tableau même que
je viens d'esquisser, en apercevant les diverses lignes,
mais leur attribuant des importances relatives toutes
différentes de celles que je vois, ne rencontre pas du
tout l'impression de réhabilitation qui me frappe et
conclut au contraire que l'énergie vitale, ou le travail
physiologique se place entre l'énergie chimique et
l'énergie calorifique et, par suite, est une forme normale de l'universelle dégradation.

Il voit fort bien que la vie produit de l'énergie
mécanique, mais il considère le fait comme peu
important vis-à-vis de l'énorme dissipation de chaleur; il voit fort bien que la vie végétale, riche en
synthèses, ne se place aucunement entre l'énergie
chimique et l'énergie calorifique, mais il n'en tient
aucun compte ne voulant pas, comme il dit, « énerver
les principes » par la considération trop longue des
faits qui leur échappent et pour lui le « principe »
c'est que le monde vital est comme le monde brut et
que l'énergie s'y dégrade.

Pour moi, le monde vital diffère du monde brut

parce que l'énergie s'y réhabilite et c'est cela que je
voudrais montrer. Et je ne dis pas du tout, bien certainement, qu'il n'y a pas aussi de la dégradation,
mais cela c'est attendu ; ce qui est spécial et inattendu
c'est la réhabilitation et c'est cela qui *caractérise*.

D'abord comment se fait-il que Dastre ait été tellement frappé par la dissipation de chaleur qu'il en
ait fait l'événement essentiel et dernier du cycle
vital? C'est que, comme tous les physiologistes clas-
siques, il considère surtout la vie animale dans l'être
adulte. Il y étudie les mutations d'énergie à partir de
la ration d'entretien et donc il néglige toutes les
synthèses de la croissance. Son être adulte n'accomplit point de travail mécanique ou n'accomplit qu'un
faible travail et cela il le néglige encore. Son être
adulte est un animal supérieur ordinairement homœo-
therme et donc, avec tous les physiologistes, il néglige
toute l'évolution de la vie et des formes dans l'espace
et le temps pour n'en voir que le dernier terme.

Par suite sa conclusion n'est juste que dans certaines conditions très particulières et que je formule
ainsi. L'animal adulte, arrivé au dernier plateau sur
lequel va se terminer une vie que déjà il entretient,
sans plus, *retombe* dans la loi universelle de dégradation énergétique ; mais c'est que son cycle vital est
déjà clos. Encore faut-il qu'il appartienne aux homœothermes, animaux à température constante, formes
dites supérieures ou plus objectivement les dernières
apparues. Cela veut dire, pour moi, que le progrès
évolutif n'est pas indéfini et que les dernières formes
retombent, par ce côté, dans la loi universelle de
dégradation.

Bien certainement, si l'on pensait surtout à la vie
d'un poisson, d'un calmar, d'une fourmi, d'un insecte
quelconque dout les bandes tourbillonnent indéfiniment aux dernières lueurs du soir, on serait bien plus
frappé par leur dépense mécanique que par leur
exhalaison de chaleur; ils sembleraient réhabiliter
l'énergie plutôt que la dégrader.

Au surplus quittons cette allure critique qui n'avait
d'autre but que d'élever le point de vue et d'élargir
l'horizon. Regardons directement la vie totale autour
de nous sur la Terre actuelle et, sans nous préoccuper
de ce qui a été dit, disons ce que nous voyons.
Fixons d'abord nos yeux sur l'immense ensemble de
la vie végétale. Dans ce cas, aucun doute; la dégradation d'énergie en chaleur est à peine appréciable
et au contraire tout est réhabilitation. La plante
retire du sol et de l'atmosphère des éléments minéraux extrêmement simples et elle construit avec eux,
par le fait seul de sa vie, des composés complexes qui
sont les hydrates de carbone et les graisses de ses
réserves ou les albuminoïdes de son propre protoplasme.

Elle accomplit aussi du travail mécanique. Cela est
évident, si évident qu'on ne s'en aperçoit pas, sauf
dans les cas tout à fait spéciaux de la sensitive, de
l'héliotrope, etc... et cependant qu'a donc fait, si ce
n'est cela, le grand chêne qui a élevé tant de stères
de bois à une telle hauteur? Sans doute il y a mis bien
longtemps, mais le temps n'a rien à faire pour évaluer un travail; il n'interviendrait que s'il s'agissait
de puissance et il n'en est pas question. Tout le
monde sait, d'autre part, comment un arbre renverse

un mur près duquel il a crû et comment il fait éclater un rocher en y insinuant ses racines.

Naturellement ces énergies chimiques et mécaniques que la plante manifeste, elle les emprunte au monde ambiant; l'énergie de la vibration lumineuse, l'énergie de la rotation terrestre sont par elle captées et transformées. Mais, sans elle, ces énergies étaient en voie de dissipation et perdues; elle les a conservées et sans les dégrader — du moins sans les dégrader entièrement; il y a eu réhabilitation.

Il en est tout à fait de même chez les animaux, malgré que d'ordinaire on dise le contraire à la suite des chimistes du siècle dernier pour lesquels la vie végétale construit aux dépens du monde minéral des réserves organiques que les animaux ensuite absorbent pour les dépenser et les rendre au monde inerte sous les formes très simples de vapeur d'eau, d'acide carbonique et d'urée.

C'est un magnifique ensemble de faits exacts mais incomplets, envisagés d'un point de vue qui, à mon avis, les fausse entièrement, parce que, dans l'exposé précédent, le terme d'animal qui paraît très général est cependant particulier et veut toujours dire l'animal supérieur *adulte*.

Or la plante n'a pas d'état adulte ou du moins il est bref, n'existe que dans les plantes annuelles et ce n'est jamais de lui qu'on parle quand il est question de la vie végétale. Que signifient dès lors la comparaison et l'opposition que je viens de rappeler? Rien ne les justifie.

La plante vivace n'arrive jamais à ce plateau, fin de croissance, pendant lequel le poids ne doit plus augmenter; tant qu'elle est saine elle croît toujours, ajoutant chaque année de nouvelles branches à sa ramure, élargissant tous ses diamètres. La *vie évoluante* de la plante ne se doit donc comparer qu'à la *vie évoluante* de l'animal, entre l'œuf et l'état adulte, en excluant ce dernier auquel seul s'intéressent les physiologistes. Ce n'est pas à dire qu'en cela ils aient fait ou font œuvre vaine; il est légitime pour accueillir les premières précisions de définir étroitement et de délimiter, mais il ne faut pas rester enfermé dans cet artificiel enclos. Il faut aussitôt que possible tendre à en sortir.

Dans sa période de vie évoluante, l'animal lui aussi fait des synthèses. Tous les albuminoïdes de son protoplasme et de ses tissus, il les retire de l'oxygène atmosphérique et des éléments plus complexes empruntés aux plantes, c'est bien certain, graisses, hydrates de carbone, albuminoïdes aussi. Mais on ne peut pas dire qu'il emprunte ces dernières substances toutes faites et que donc il n'a pas à les faire, puisqu'il commence par les détruire, par les décomposer dans l'acte digestif, qu'ensuite il les met en réserves grasses ou hydrocarbonées, aussi simples ou plus simples que l'aliment et qu'ensuite seulement il transforme ces réserves en protoplasme et en tissus pour croître; à cette étape il y a synthèse.

L'animal évoluant fait donc des synthèses chimiques comme la plante; il opère par la même série de phénomènes non pas, il est vrai, dans toute l'étendue de celle-ci et dans une section seulement. Il n'y a donc pas opposition ni contradiction mais seulement moindre étendue dans le développement des synthèses.

C'est bien au reste le point de vue uniciste que Cl. Bernard s'est si fortement attaché à établir.

Sur ces deux vies évoluantes, sur l'une comme sur l'autre, on peut juxtaposer une vue de dégradation énergétique, laquelle constitue simplement l'excrétion au sens le plus large et s'applique aux produits rejetés par l'être vivant : vapeur d'eau, acide carbonique, sels minéraux, résines, urée, pigments, alcaloïdes, toxines et diastases. Et sans doute plusieurs de ces dernières substances, si leur rejet n'est pas facile, restent dans l'organisme et peuvent y être employées à nouveau ou prendre part encore, par la catalyse souvent, à des réactions utiles. On les dit alors plutôt sécrétées. Mais entre l'excrétion et la sécrétion la limite est bien oscillante.

La production de ces substances, tout autant que celle de la chaleur, rentre évidemment dans le thème général de la dégradation d'énergie, mais bien loin qu'elle constitue la vie, elle en est le déchet; elle est un obstacle à la vie. L'élimination, le rejet de ces corps est indispensable pour que la vie réhabilitante continue. Dès que l'élimination totale n'est pas bien assurée la vie est entravée. C'est l'auto-intoxication qui commence, qui limite la croissance, qui amène l'état adulte d'abord, puis la vieillesse et la mort.

La principale différence entre la vie animale et la vie végétale la plus caractérisée comme tèlle, celle des plantes vertes, consiste essentiellement dans l'utilisation directe de l'énergie solaire par l'intermédiaire de la chlorophylle, mais l'animal aussi et plus qu'on ne le croit utilise la radiation solaire et les cures encore nouvelles d'héliothérapie appellent de ce côté l'attention et ouvrent la recherche.

Quoi qu'il en soit, dans les deux vies évoluantes, les seules comparables, les seules qui soient vraiment des vies en pleine activité et non sur le déclin, il y a des synthèses, des constructions de corps chimiques complexes, des élaborations de formes et, qu'on le remarque, par le fait de la reproduction le phénomène n'a point de bornes et dure indéfiniment, s'étendant sans ruptures dans l'espace et le temps.

L'hérédité, mystérieux domaine dont nous ne voulons pas explorer les profondeurs touffues, est le phénomène par lequel est assurée la durée de la réhabilitation et qui confère à celle-ci une sorte de permanence et de stabilité périodique.

L'irréversibilité et la dégradation visible d'énergie qui se manifestent si l'on considère seulement l'entretien de l'animal supérieur adulte doivent donc, vis-à-vis de la croissance individuelle qui réhabilite de l'énergie, non pas être oubliées ni supprimées, mais reléguées dans la région où les phénomènes de la vie déclinante vont de plus en plus rentrer dans les lois physiques ordinaires, dégradation d'énergie comprise. L'irréversibilité globale, qui conduit toutes les vies individuelles de la croissance à l'état adulte, à la décrépitude et à la mort, ne doit pas non plus faire oublier la réhabilitation périodique que la reproduction apporte.

Et nous arrivons ainsi à voir scientifiquement les différences qui opposent la vie à la mort. La vie est une réhabilitation d'énergie, phénomène exceptionnel qui la caractérise dans le monde brut, malgré que les actes et les mécanismes soient dans leur détail

purement physico-chimiques. La mort est une dégradation d'énergie, phénomène normal et ordinaire.
En vérité on meurt chaque jour, car les phénomènes
de dégradation énergétique durent depuis la naissance, mais pendant la croissance il y a place à côté
d'eux pour ceux de réhabilitation chimique et mécanique. Dans l'état adulte la réhabilitation n'est
plus que mécanique ; progressivement elle-même
décroît et il n'y a plus que dégradation. La vie est
terminée.

La réhabilitation de l'énergie chimique ressort très
manifestement et, dès l'origine de la vie, elle se
montre avec tous les caractères essentiels que la
chimie ne sait même point encore différencier dans
le détail. La matière où se manifeste la vie et que
constitue la vie est le protoplasme. Les protoplasmes
sont des albuminoïdes, on ne sait pas exprimer beaucoup plus ni dire par quoi du protoplasme d'actinie
diffère de celui du mammifère.

Du point de vue chimique, la vie est essentiellement
en effet construction de protoplasme, *assimilation* —
assimilation fonctionnelle, comme dit Le Dantec, et
l'expression s'applique manifestement à la vie évoluante surtout.

Le protoplasme albuminoïde étant le plus compliqué des corps que la chimie analyse, sa constitution
par l'assimilation est toujours synthèse, toujours
accumulation d'énergie. C'est là le résultat durable
et nonobstant toutes les dégradations qui se sont
faites pendant son édification et qui sans elle se
seraient faites encore plus complètement et plus
rapidement.

Il ne suffit pas, au surplus, d'avoir défini et dénommé cet acte pour avoir, par ces seules opérations, à tout jamais banni l'étonnement et la surprise.

La réhabilitation de l'énergie mécanique par la vie suit celle de l'énergie chimique et se fait progressivement au cours de l'évolution terrestre. Plus tardivement enfin apparaît la réhabilitation de l'énergie psychique que l'on ne peut apercevoir en aucun autre domaine qu'en celui de la vie et qui d'ailleurs est une tout autre chose que celle-ci, ainsi que nous l'avons plusieurs fois répété au cours de ce livre.

Nous allons essayer dans les chapitres suivants de montrer les mécanismes à travers lesquels ces réhabilitations se font et que d'ailleurs elles produisent à leur mesure, peut-on dire, merveilleuse progression dont nous ne pourrons tracer qu'une bien grossière ébauche, faute de place, faute aussi de savoir.

CHAPITRE II

Incarnation de l'énergie mécanique.

Sommaire. — Les formes et les structures sont les conséquences et non les causes de la vie. — Mouvements primordiaux des êtres vivants. — Diffusion et coulées. — Cils vibratiles. — Résistance de l'eau; déformations consécutives des êtres plastiques. — La forme des poissons; leur régime vibratoire. — Constitution des muscles et des fibres musculaires. — Accumulation et incarnation de l'énergie extérieure.

Oublions l'émerveillement dans lequel nous ont plongés les pénétrantes imaginations sur la constitution de la matière et la construction des corps bruts par les forces atomiques ou les atomes-forces. Arrivons à concevoir les réactions chimiques comme des changements d'équilibre ou des remaniements dans le groupement de ces forces. Admettons que ces changements d'équilibre et ces réactions soient des phénomènes simples qui peuvent être pris comme des données.

La quiétude voulue que nous trouvons dans ce relai n'est pour nous qu'un arrêt temporaire et nous n'arriverons jamais à la quiétude inconsciente et définitive des biologistes nombreux qui croient résolus les problèmes de leur spécialité quand ils les ont ramenés à la physico-chimie. Il n'en serait ainsi que si la physico-chimie, la matière brute, ses propriétés et ses réactions étaient des choses claires et compréhensibles, ce qui est bien loin d'être.

Ramener les phénomènes biologiques à un départ et à une succession physico-chimique voudra dire pour nous : il n'y a pas deux sortes de difficultés intellectuelles, les unes relatives à la matière vivante et à la vie, les autres relatives à la matière inerte et à ses réactions ; il n'y en a qu'une seule sorte et d'ailleurs elles sont immenses. Notre honneur de savants exige que nous cherchions tout de même obstinément à les réduire, avec l'espoir de les résoudre à la longue.

De ce relai inconscient ou voulu, de cette base donnée ou arbitraire, on peut partir pour explorer les phénomènes de vie avec une technique relativement sûre ; on peut rattacher leur série à la série physique, n'en faire qu'une des deux et c'est déjà un résultat appréciable qui collabore à la démonstration de l'unité dans le monde.

Parmi tous les résultats acquis dans cette voie, les plus captivants pour nous et ceux qui nous ont toujours le plus hautement intéressé sont ceux qui montrent comment les formes et les structures des animaux et des plantes, loin d'être les données primordiales qui expliquent la vie, sont les conséquences de son accomplissement général dans des conditions diverses. Les formes et les structures sont les effets d'un long travail, d'une longue succession d'énergies modelantes et leur création, par ce processus évolutif, dans lequel les dynamismes secondaires se déterminent et s'enchaînent est, à notre avis, autrement suggestif de finalité que toute autre imagination sur leur introduction dans le monde des apparences sensibles.

Puisque aussi bien dans le domaine scientifique, la forme supérieure de l'énergie est l'énergie mécanique, le plus bel exemple de réhabilitation d'énergie par la vie serait certainement celui qui montrerait comment, par quelle progression, les êtres vivants sont devenus de plus en plus capables de produire cette forme d'énergie en apparence spontanément, en réalité parce qu'ils en sont devenus de véritables accumulateurs.

Examinons donc ce sujet et reconnaissons d'abord que, parmi les qualités qui nous servent à distinguer les animaux de tous autres objets tombant sous les sens, qualités banales universellement aperçues ou qualités plus cachées connues des seuls savants, le mouvement est à mettre en première ligne.

Et pourquoi donc cela, puisque les animaux ne sont pas seuls mobiles et que cette qualité nous frappe également dans les nuages éparpillés à travers le ciel, dans les branches d'arbres et les feuilles qui murmurent au fond des bois sauvages et dans l'eau qui ruisselle, qui tombe en cascades, qui s'éclabousse rythmiquement sur les rochers des rivages marins.

Les mouvements de ces dernières catégories se distinguent pour nous de ceux des animaux parce que nous savons les rapporter tout de suite à des causes étrangères aux objets qui les manifestent. C'est la pesanteur et la pente du terrain qui meuvent l'eau des fleuves; c'est le vent qui anime les vagues, les branches et les feuilles et lui-même n'est dû qu'à la rotation de la Terre et à l'inégal échauffement de l'équateur et des pôles. Ces mouvements nous apparaissent comme des conséquences particulières du mouvement cosmique général.

Tout de même, si le mouvement cosmique général se manifeste ainsi dans l'agitation de l'air et de l'eau, n'est-ce point parce que ces substances sont fluides, que cet état leur permet de prendre plus facilement leur part du mouvement d'ensemble et de le transmettre à d'autres objets : feuilles, branches encore assez souples pour s'y prêter. Et si l'on en vient à penser que les animaux sont en majeure partie liquides, ou tout au moins fluides, ne sera-t-on pas tenté, par une vague intuition, de voir un premier rapport, aussi lointain qu'on voudra, entre leurs mouvements et tous les autres.

Cette intuition ne saurait être banalement répandue car l'image qu'on se fait usuellement d'un animal est une image solide et c'est en cela que son mouvement revêt un aspect singulier ; sur la Terre, en effet, les solides ne bougent ordinairement pas si ce n'est en des chutes passagères et circonstanciées. Mais l'image usuelle est fautive ; l'animal n'est solide que dans ses parties de déchet, dites de soutien et qui sont en vérité d'ankylose. Encore plus développé chez les plantes, le squelette, pour elles cellulosique et ligneux, est la véritable cause de leur immobilité relative.

Si l'on parvient à se laisser impressionner par la qualité commune de la fluidité, le mouvement des animaux différera encore, aux yeux du plus grand nombre, de tous ceux dont nous avons parlé, par quelque chose de plus intérieur, de plus intrinsèque

et de moins complètement étranger à l'objet lui-
même qui se meut.

La question est alors d'analyser ce quelque chose de
plus intérieur, d'en bien éliminer l'énergie psychique
dont nous voulons parler à part et qui ne saurait être
en jeu que dans l'animalité tout à fait supérieure, d'y
réfléchir et de le ramener à de l'énergie banale,
autrefois extérieure à l'être lui-même puis peu à peu
concentrée en lui, progressivement accumulée en des
structures qu'elle a déterminées, capables d'en ressortir à l'occasion par une sorte de réversibilité.

Les biologistes ne se posent ordinairement pas
de semblables questions. Pour eux tout cela est
beaucoup plus simple, car ils repoussent les complications dans des sous-entendus. Il leur suffit de dire
que le mouvement des animaux est dû à ce que certains de leurs tissus sont différenciés en fibres musculaires répondant à telles et telles descriptions, que
ces fibres possèdent la *propriété* d'être contractiles,
que leur contractilité harmonieusement disposée de
diverses façons déplace les animaux, est la cause
du mouvement. La différenciation en tissus et spécialement en fibres musculaires est aussi une *propriété*
des animaux. Et si le mouvement parfois peut se
produire sans fibres musculaires, c'est qu'effectivement le protoplasme même indifférencié possède la
propriété de la contractilité. De sorte qu'au résumé
et dans tous les cas, le mouvement serait une *propriété*
des animaux et ce n'est pas plus difficile que cela à
expliquer.

Que si cependant on réfléchit aux mouvements
primordiaux amiboïdes ou ciliaires, on ne peut man-

quer d'être frappé de leur immédiate et complète
analogie avec les mouvements qui se produisent dans
les liquides en cas de diffusion. La forte tension
superficielle et la viscosité du colloïde protoplasme
sont les seules particularités du phénomène, particularités non pas de qualité mais de quantité.

Les êtres microscopiques les plus rudimentaires,
ceux qu'on appelle les Amibes, n'ont d'autres mouvements que des sortes de *coulées* tantôt en un point
de leur surface et tantôt en un autre. Ce que l'on
dénommerait coulée dans une masse vitreuse ou
mucilagineuse quelconque et non vivante, on l'appelle ici organe passager, faux pied court ou pseudo-
pode lobé. Le choix de ces noms pour décrire le phénomène implique innocemment toute une théorie qui
est le vitalisme.

Disons donc simplement courte coulée comme
nous le dirions pour tout objet pâteux de forte tension superficielle. Par quoi se déterminent ces coulées? Par des variations locales de la tension superficielle, dues elles-mêmes à des ruptures d'équilibre
chimique dans ces masses instables.

D'autres êtres microscopiques, presque aussi rudimentaires que les Amibes, diffèrent de ceux-ci par
leur faible tension superficielle qui les fait couler
dans l'eau ambiante en longues rigoles ramifiées
confluant les unes dans les autres quand elles se rencontrent. Dans la terminologie vitaliste, on décrit ce
phénomène tout simple en disant que ces protozoaires,
appelés Rhizopodes, ont des pseudopodes ou des faux
pieds longs, ramifiés et anastomosés, c'est-à-dire à
l'occasion confluents.

Dans d'autres cas le protoplasme des protozaires produit une substance qui se coagule au contact de l'eau ; la périphérie se trouve par suite enduite d'une cuticule qui, si elle était complète, empêcherait toute coulée et toute diffluence analogue aux précédentes. Les deux tendances à la coulée et à la coagulation sont antagonistes et, suivant les points de la surface, l'une ou l'autre l'emporte.

Si la tendance à couler prévaut en un seul point et que partout ailleurs la cuticule se forme continue, la coulée plasmique va donner naissance en ce point à un ou deux filets très longs, que l'on appelle des flagelles et qui oscillent dans l'eau ambiante par les mouvements d'active diffusion dont ils sont le théâtre. C'est le cas des Infusoires flagellés.

Si, au contraire, les tendances à couler et à se coaguler se répartissent sur toute la surface, la cuticule va se trouver discontinue et comme perforée d'une infinité de petits pores par lesquels se feront de nombreuses et minimes coulées, constituant ce qu'on nomme des cils, lesquels eux aussi vibrent dans l'eau comme résultat de la diffusion. C'est le cas des Infusoires ciliés et le mouvement différentiel des cils vibratiles s'intègre dans un mouvement d'ensemble de l'être tout entier.

La diffusion qui a son origine dans l'énergie chimique a pour résultat une production d'énergie mécanique. L'énergie chimique elle-même est entretenue par l'aliment, c'est-à-dire en résumé provient du monde extérieur.

Tous les protozoaires microscopiques dont nous venons de parler sont constitués par une seule cellule, ce qui revient à dire que lorsqu'ils ont atteint la taille que permet leur tension superficielle ils se divisent en deux et que les deux fragments nouveaux s'écartent l'un de l'autre. Quand ils ne s'écartent pas et restent rapprochés, cette seconde alternative produit des massifs cellulaires d'abord petits mais qui peuvent progressivement devenir volumineux. C'est le processus initial par lequel se constituent les métazoaires et les métaphytes, c'est-à-dire les animaux et les plantes composés de plus d'une cellule.

Les massifs multicellulaires primordiaux portent presque toujours des cils vibratiles sur toutes les cellules de leur surface. C'est la condition de nombreuses larves ou d'êtres adultes comme sont les Planaires.

Ces derniers animaux, de constitution assez simple, sont plats comme de petites feuilles et le battement de leurs cils les déplace dans l'eau. La résistance énorme de ce fluide au mouvement effectué en lui modèle l'être mou et plastique qui tend à pénétrer le fluide. En sorte que l'énergie chimique originelle, venue de l'aliment, source de diffusion, de mouvement et d'énergie mécanique, vient se buter contre une résistance d'eau, destructive d'une grosse partie de cette dernière énergie.

En vérité il ne saurait y avoir destruction, mais il faut concevoir une transformation d'énergie. Ce qui est résistance du côté de l'eau est, d'un autre côté, pression subie par l'être qui se meut et, comme il est mou et plastique, pression revient à dire déformation et modelage.

Que vont bien être ces déformations et ces modelages? Je les ai suivis pas à pas d'une façon expérimentale dans mes recherches sur la forme des poissons et je ne puis ici en redire que les conclusions essentielles. Fixons bien une condition capitale ; il n'est d'abord question, pour ne pas parler de tout à la fois et pour illustrer les idées générales par des faits précis, que d'êtres mobiles ayant à peu près la densité de l'eau. Ils ne sont tirés vers le fond ou vers la surface par aucune force verticale et ne sont donc soumis qu'à des forces horizontales, ou plus exactement qu'à des forces dirigées suivant l'axe de leur mouvement. C'est le cas le plus simple qui peut d'abord servir de type ou de base ; les autres s'en déduisent ensuite assez facilement.

En pénétrant dans l'eau, l'être mobile déplace celle-ci vers son arrière ; il fait couler de l'eau derrière lui ; cet écoulement a lieu en forme tourbillonnaire. Et, de même que l'eau peut être dite obstacle à la propulsion de l'être, de même l'être peut être dit obstacle à l'écoulement de l'eau. Il est indispensable de concevoir à chaque instant cette réciprocité, cette réversibilité entre l'action et la réaction, ce à quoi jamais les vitalistes ne pensent, regardant toujours tout du côté du vivant.

Donc d'une part l'eau est à la fois appui et obstacle pour l'être mobile, d'autre part l'être mobile à la fois détermine un courant d'eau et y fait obstacle. Or, depuis longtemps, lord Kelvin a montré qu'un tourbillon qui rencontre un obstacle vibre, que, dans ces conditions, le mouvement tourbillonnaire crée un rythme.

Il faut pour que le phénomène soit net, que le tourbillon soit d'abord bien formé et nous ne pouvons

l'apercevoir que dans les cas d'une vitesse de déplacement suffisante. Aux faibles vitesses il y a des déformations ou des rotations hélicoïdes, comme cela est
si fréquent chez les Infusoires ou les larves ; à des
vitesses un peu plus fortes on voit des ondulations
qui courent sur la masse plastique et mobile. Enfin à
des vitesses suffisantes on aperçoit le phénomène de
l'inversion qui est un phénomène rythmique ou une
vibration, de forme bien définie quoique plus compliquée que la vibration pendulaire typique.

Expérimentalement, j'ai reproduit cette inversion
sur un sac de caoutchouc plat rempli par un mélange
plastique d'huile, de vaseline et de céruse ayant la
même densité que l'eau. A des vitesses convenables,
pas très rapides, moins d'un mètre à la seconde, le
sac plat horizontalement prend, dans son mouvement,
une forme plate horizontale dans sa moitié antérieure, plate et verticale dans sa moitié postérieure ;
c'est l'inversion à deux nappes. Il peut s'en produire
à 5 nappes, à 7 nappes, à des vitesses très inférieures
à celles dont les poissons sont capables.

Or le poisson, vertébré primitif que, par d'autres
recherches très différentes, de nombreux auteurs
avaient été amenés à considérer comme une complication directe de la Planaire, présente justement sur
son corps une inversion à deux nappes ; il est plat
horizontalement à l'avant, plat verticalement à
l'arrière. Ce dispositif se superpose à plusieurs autres
modelages, l'un capital qui est un élargissement de
l'avant et un effilement de l'arrière, d'autres qui sont
secondaires, compressions diverses notamment. Il
faut savoir démêler ces diverses composantes de la

forme, mais on y arrive et j'ai indiqué comment on le peut.

La poursuite du phénomène ainsi aperçu montre une inversion à six nappes dans la disposition typique des nageoires, alternativement horizontales et verticales.

La forme compliquée de la vibration sous cet aspect inversé se simplifie et devient vibration ordinaire dans le jeu vibrant des nageoires, dans leur découpage en rayons qui fait se succéder régulièrement les parties dures et les parties molles.

Par la résistance de l'eau, le poisson est donc devenu un être dont le régime constant est de vibrer. Sa masse entière se modèle sous cette influence indéfiniment renouvelée, perpétuellement entretenue. Notamment, l'épaisse paroi de son corps se découpe en tranches successives, que tout le monde a pu remarquer en mangeant la chair de ces animaux. Un peu contournées et compliquées chez l'adulte, ce sont chez l'embryon de véritables tranches de forme très simple, perpendiculaires à l'axe du corps. On les nomme *myotomes* ou segments musculaires.

A cette disposition se rattache celle du squelette vertébral, costal et celle des racines nerveuses qui sont nettement rythmiques; en morphologie ce rythme est appelé *métamérie*.

Mais la vibration poursuit plus loin son effet, car les myotomes, encastrés dans le tissu conjonctif qui survient, vibrent transversalement à leur plus grand axe et cela les strie en orientant les cellules qui les forment et en disposant celles-ci en files parallèles au grand axe du corps, files qui constituent les fibres musculaires. Et celles-ci, à leur tour, fixées par leur deux extrémités, subissent la vibration constante et leur protoplasme s'organise en montrant une ou plusieurs alternances de disques depuis longtemps décrits par les histologistes comme structure de la fibre musculaire.

Le phénomène vibratoire initial va donc se propageant à quelque échelle que ce soit depuis les combinaisons visibles à l'œil nu dans la forme entière jusqu'aux derniers détails que nos microscopes peuvent atteindre.

Après ce long trajet, nous voici parvenus au point précis duquel partent les physiologistes pour expliquer la contraction de la fibre musculaire. Nous n'avons plus qu'à les suivre et ils nous exposent comment l'énergie chimique actuellement élaborée par l'être aux dépens de l'aliment vient se transformer en énergie mécanique dans la fibre même en raison de la structure de celle-ci. Mais nous voyons que cette dernière structure est le résultat d'une énergie mécanique accumulée, mise en réserve sous forme d'énergie élastique dans une substance qui d'elle-même ne jouissait pas de cette propriété et que son origine lointaine et primordiale se trouve dans les mouvements dus à la diffusion.

La structure de la fibre musculaire peut se comprendre de la même façon chez les Annélides et les Crustacés, plus lourds que les Vertébrés, avec de légères différences dues à cette différence de densité elle-même. Et quant aux êtres immobiles et fixés, la résistance vibratoire de l'eau se conçoit par le déplacement du liquide autour d'eux au lieu que ce soit par leur propre mouvement en lui.

On peut considérer comme une objection capitale à cette interprétation le fait que les êtres aériens ont aussi des fibres musculaires. Mais l'objection s'évanouit si l'on songe que tous les êtres aériens ont eu des ancêtres aquatiques et qu'alors leurs muscles et leurs fibres ne sont qu'un héritage conservé de cet ancien état, dans la mesure où il a pu servir et être entretenu, car s'il n'est pas entretenu, il disparaît à coup sûr.

La conservation dans le protoplasme de structures et de dispositions acquises sous certaines influences et qui persistent même quand ces influences n'agissent plus est justement un des gros problèmes de l'hérédité. L'exemple le plus saisissant en est peut être la persistance des fentes branchiales dans les embryons de vertébrés aériens alors que jamais ceux-ci n'ont eu ni n'auront l'occasion de respirer l'oxygène dissous dans l'eau. Ces organes apparaissent, ne servent jamais et régressent; les myotomes aussi et les fibres musculaires apparaissent mais ils servent, s'entretiennent et sont conservés.

Au surplus ce n'est pas notre interprétation qui soulève cette question; elle existerait avec tout autre essai pour comprendre la structure musculaire; elle existerait encore si l'on ne faisait nul effort pour en pénétrer l'origine.

Dans ces brèves pages nous ne pouvons entreprendre d'exposer toutes les conclusions de la morphologie dynamique; nous nous bornerons à l'exemple précédent pour montrer l'esprit de cette science hardie et précise qui, en raison de sa méthode, sait

à chaque instant distinguer ce qu'elle appréhende
et ce qui lui échappe.

Il faut tout de même signaler que, dans l'évolution
des formes animales, l'enchaînement des dynamismes a aussi modelé un système nerveux pas moins
intéressant que le système musculaire pour les étapes
qu'il marque dans la réhabilitation d'énergie qui se
dégage de la vie.

Dans la forme primordiale des métazoaires, simple
sac à double paroi et à une seule ouverture, connue
sous le nom de gastrula, toutes les cellules de la
surface extérieure subissent les variations matérielles
et énergétiques du milieu extérieur. Mais certaines
en sont tout particulièrement ébranlées, ce sont
celles qui se trouvent sur le pourtour de l'ouverture
unique, voie d'accès de l'aliment et par suite de
l'énergie chimique originelle.

Je ne puis retracer ici les étapes par lesquelles cet
anneau primitif, suivant la progression des formes
et leur complication, s'épaissit, s'enfonce sous la
surface et se modèle au rythme métamérique dès
que celui-ci apparaît.

Les cellules qui ont été groupées dans ce processus prennent des caractères particuliers ; tout
spécialement fluides elles coulent à travers les autres
tissus en longs prolongements ramifiés. Ces coulées,
qui se font non pas au hasard mais suivant un petit
nombre de voies déterminées par les autres modelages, se rassemblent en nerfs dans lesquels chacune
garde son individualité originelle de prolongement
cellulaire. Cellules qui sont restées superficielles, qui
conservent l'ébranlement primordial par le dehors et

qui font les organes sensoriels, cellules enfoncées
sous la surface et dont le volumineux amas forme
les centres nerveux, coulées à travers les tissus qui
finissent par aboutir aux muscles et qui sont les nerfs
moteurs, tout cela, en continuité ou en contiguïté
constitue le principal de l'appareil nerveux.

Et tout cela *remet* en communication les excitations
actuelles du milieu et les forces anciennes accumulées
dans l'élasticité de la fibre musculaire. Par cet
intermédiaire les énergies du monde pénètrent l'animal et ressortent de lui sous la forme supérieure de
l'énergie mécanique et du mouvement, dont la manifestation est bien certainement la marque la plus
universellement connue de l'animalité.

Il faut se garder de la déception que pourrait
apporter dans certains esprits l'humilité et la simplicité des processus que nous avons retracés. La
grandeur des choses n'est que déplacée ; elle réside
pour nous dans la combinaison et la sucession de ces
processus simples ; elle est progressivement repoussée
jusqu'à l'ampleur infinie de la force cosmique universelle qui se manifeste dans toutes les énergies quel que soit leur aspect. Pour tout résumer,
la construction et le fonctionnement d'une forme
animale même compliquée, ramenés à une succession physico-chimique et mécanique, ne nous
embarrassent pas plus que la structure cristalline et
les propriétés physiques et chimiques d'une pierre
quelconque ; ajoutons d'ailleurs qu'ils ne nous
embarrassent pas moins.

Il n'y a, comme nous le disions plus haut, qu'une
seule sorte de difficultés intellectuelles.

CHAPITRE III

Sur l'énergie psychique.

Sommaire. — La plupart des actes vitaux sont des réactions physico-chimiques. — Quelques exemples de grande généralité. — Chez les animaux supérieurs on trouve *en plus* la conscience et la pensée. — Est-ce une nouvelle réhabilitation d'énergie sous un nouvel aspect inconnu partout ailleurs ? — Examen et discussion de cette suggestion.

Contrairement à la conclusion de notre précédent chapitre, beaucoup de personnes cependant penseront qu'un animal est bien plus surprenant qu'une pierre, puisque l'animal peut arriver à la pensée et la pierre jamais. Cette objection est en effet toute normale, c'est même l'état d'esprit qu'elle présuppose qui a si longtemps empêché les progrès de la biologie. Elle confond placidement l'efficience et la finalité. Qu'avons-nous dit en effet? Que, dans son efficience et dans son passé, la construction de l'animal n'est pas plus difficile à imaginer que celle de la pierre. Que nous dit-on en réponse? Que, dans sa finalité, dans son avenir, l'animal peut avoir la capacité d'être ébranlé par l'énergie psychique, capacité que n'aura pas la pierre.

Précisons bien les points de vue si nous voulons nous entendre et ne pas discuter sans profit. C'est

faute de la distinction que nous venons d'établir que
le vitalisme, considérant la vie comme une énergie ou
un ensemble d'énergies tout à fait spéciales, a trouvé
un renfort dans une confusion avec un autre concept
« l'animisme » et dans une illégitime extension à tous
les êtres vivants de qualités propres à quelques-uns
seulement. Il s'est établi une croyance confuse qui
revient à attribuer l'âme « *anima* » à tous les animaux et notre langage ordinaire traduit tout juste
cette doctrine.

Si cependant nous parcourons la série des êtres en
partant des plus inférieurs, il faut s'avancer bien
longtemps et bien loin avant de rien voir qui permette de parler d'âme ou d'énergie psychique. Vitalisme et animisme ne sont en aucune façon coïnci-
dants et doivent être écartés l'un de l'autre comme
deux doctrines distinctes et indépendantes.

En nous éloignant des premières ébauches vitales,
microscopiques, sans formes définies, nous voyons
progressivement se préciser la forme ou plutôt les
formes, infiniment diversifiées autour de quelques
types. En même temps surgissent des structures
plus fines et plus compliquées qui se groupent en
appareils et organes accomplissant des fonctions,
c'est-à-dire agissant sur le monde comme si des
forces propres émanaient de l'être plus individualisé.

Toutes ces formes dont nous pouvons suivre la
progression sériée, toutes ces structures sont le
résultat de modelages successifs subis au cours des
âges sous l'influence de toutes les actions du monde;
en sorte que les forces qui paraissent émaner du
vivant ne sont que la sortie des forces étrangères

antérieurement introduites, accumulées et réservées.

Par sa forme, par sa structure, par la façon dont il se compose, un être vivant quelconque individuellement considéré n'est rien personnellement et en soi ; il n'existe que comme une manifestation locale et momentanée d'une infinité d'actions étrangères actuelles ou passées dont l'origine est en dehors dé lui. La conservation de sa forme, dans les générations successives, outre qu'elle n'est pas indéfinie et qu'elle évolue au cours des longs temps géologiques, ne lui est pas plus propre que sa matière et ne le met pas à part dans les apparences sensibles dont le Cosmos est rempli.

C'est un phénomène que l'on pourrait voir aussi dans une solution saline alternativement étendue et concentrée, ce par quoi disparaîtrait et reparaîtrait indéfiniment une même forme cristalline. Comme un protoplasme d'insecte est successivement et indéfiniment œuf, larve, nymphe et imago, de même, par un circulus semblable, l'eau prend toujours les mêmes formes de glacier, de fleuve, de mer et de nuages. La périodicité dans la forme, qu'en biologie on nomme hérédité, n'est pas un phénomène exclusivement vital. La seule différence qu'il y ait entre ces divers cas est que, dans les uns, les déterminismes sont simples et connus, dans les autres, compliqués et obscurs encore pour nous.

S'il est tout à fait aisé de reconnaître combien, chez les vivants primordiaux, toutes les manifestations de la vie sont rigoureusement soumises au déterminisme physique et au mécanisme le plus strict, cela n'est pas non plus difficile à retrouver chez les animaux plus élevés en organisation.

Prenons à titre d'exemples quelques catégories de faits, sans pouvoir songer à les exploiter tous.

Lorsqu'on travaille, les soirs d'été, près d'une lampe avec la fenêtre ouverte sur la campagne, on voit venir vers soi des profondeurs de la nuit les êtres les plus divers : papillons, tipules, moustiques, éphémères, que sais-je encore. L'homme près de la lumière, autour duquel s'épaissit la foule des vivants, est porté à croire que tous les êtres de la nuit sont attirés vers ce lieu, que, privés de lumière, ils en ont enfin vu briller une, qu'elle les appelle, que, curieux, ils se dirigent vers elle, qu'assoiffés de clarté ils s'y précipitent au risque de s'y brûler ou d'y périr. De là toutes les belles métaphores sur les chercheurs martyrs de l'idéal mortel.

Tout cela est à côté car si ces êtres aimaient tant la lumière, la désiraient, la voulaient, ils n'auraient qu'à voler le jour et qu'à dormir la nuit. Au surplus, si au lieu d'être près de votre lampe, vous aviez été, la laissant allumée, assez loin dans le jardin, dans une zone où les rayons affaiblis étaient encore capables d'éclaircir les ténèbres pour vos yeux adaptés, vous auriez eu d'abord la curieuse impression de la quantité normale des vivants nocturnes ; il y en a beaucoup. Vous auriez vu ensuite que si quelques-uns se dirigeaient vers la source lumineuse, d'aussi nombreux s'en écartaient. L'explication de ces deux effets opposés est unique.

Ces êtres de la nuit redoutent la lumière ; elle leur produit une sensation inaccoutumée et répulsive, d'au-

tant plus accentuée qu'elle frappe plus normalement
leur organe récepteur, leur œil situé latéralement.
L'impression répulsive est minimum si le rayon est
tangentiel, donc si l'être marche dans le sens du
rayon lumineux en s'approchant ou s'éloignant de la
source, peu importe. D'où, suivant l'inclinaison initiale par rapport au rayon rencontré, les deux cas de
fuite de la sensation pour la faire *immédiatement*
diminuer. Dans le cas d'éloignement, elle est dimi-
nuée définitivement jusqu'à nouvelle rencontre.
Dans le cas d'avancée vers la source, l'intensité lumineuse croît et il devient de plus en plus répulsif pour
l'insecte de la recevoir normalement, c'est-à-dire de
tourner, il *fuit en avant*. Arrivé au voisinage de la
lampe, il est aveuglé et ne sait plus où donner de la
tête; s'il s'agit d'une ampoule électrique où il ne se brûle
pas, il finit par s'en aller... et d'autres le remplacent.

Malgré son caractère artificiel et sa position en
dehors des équilibres naturellement acquis qui le
rend nuisible et non utile pour la durée de l'être, ce
fait peut être considéré comme représentatif d'une
infinité d'autres du même genre, montrant les réactions animales comme des réponses directes à une
sensation, en quelque sorte mécaniques, aussi déterminées que l'attraction du fer par l'aimant.

Parmi ces faits que je veux dire, considérons
l'ensemble le plus vaste possible comprenant tous les
actes que les animaux font pour perpétuer leur vie et
celle de leur espèce, dans un équilibre acquis, avec
une précision telle qu'ils ne peuvent agir autrement
sans cesser d'exister ou sans se modifier, c'est-à-dire
sans devenir autres.

Pas toujours mais le plus souvent, si nous prenons bien garde de ne pas projeter notre propre psychisme dans l'interprétation des actes, nous verrons un mécanisme analogue au précédent et un déterminisme aussi rigoureux. Examinons par exemple les faits qui sont relatifs à la recherche de l'aliment. Leur énorme banalité empêche ordinairement l'attention de s'y porter; ils sont cependant merveilleux. C'est un sujet d'immense étonnement que, dans la nature, jamais un animal ne meure d'inanition faute d'accomplir l'acte de manger ou en l'accomplissant mal, par exemple en absorbant des quantités de matériaux indigérables, ni qu'il ne s'empoisonne jamais en avalant des substances qui lui seraient toxiques.

On ne peut se satisfaire en dénommant instinct cette admirable science innée, car ce mot ambigu a perdu à l'heure actuelle toute signification précise et englobe pêle-mêle des manifestations d'intelligence animale et des automatismes dont le déterminisme n'a pas encore été précisé.

En vérité le cas qui nous occupe est un mécanisme pur. Si nous réfléchissons que toutes les digestions sont des actions diastasiques, que les diastases de chaque être sont rigoureusement adaptées à la nature de ses aliments ordinaires, que l'on peut faire changer en qualité et en quantité les diastases en changeant avec précautions l'aliment, que, par suite, une congruence s'est rencontrée et s'est établie entre le chimisme de l'être et le chimisme de ce qui le nourrit, que cette congruence qui pourrait varier ne varie pas en fait parce que, dans la nature, les

ensembles restent à peu près semblables à eux-
mêmes pendant de très longs temps, on arrive à
concevoir qu'il y a entre les êtres et leurs aliments
un accord chimique et que *l'appétit* n'est en somme
qu'une *affinité* [1]. Et cela sans doute est encore un
mot, mais nous savons qu'il englobe des phénomènes
physico-chimiques et cela nous suffit pour l'instant.

D'ailleurs nous pouvons ajouter d'une façon sommaire quelques indications. La composition chimique
d'un corps n'est livrée scientifiquement que par son
analyse quantitative. A cette indication mesurée
s'adjoignent des qualités sensibles telles que couleur,
éclat, toucher âpre ou onctueux. La plus précise de
toutes ces indications et qui pour moi est véritablement caractéristique d'un chimisme, c'est l'odeur.

Cependant, dira-t-on, et les innombrables corps
inodores? Je ne crois pas qu'il y en ait objectivement,
mais notre organe récepteur, l'odorat, est peu étendu.
De même que pour notre oreille nombre de vibrations trop rapides ou trop lentes ne sont pas perçues
et sont appelées silence, de même nombre d'émana-
tions nous échappent et sont dites inodores.

Notre gamme de perceptions olfactives se sectionne
en deux zones, celle de l'aliment, celle de l'excrément. Les odeurs analogues à celles de l'excrément
sont dites mauvaises, celles analogues à l'aliment sont

---

(1) Cette idée que j'avais émise sous cette forme en no-
vembre 1915, dans un cours public, a été depuis rencontrée à
nouveau par Rabaud et, à sa suite, par Roubaud qui en ont tiré
un excellent parti. Elle est susceptible de grands développe-
ments.

dites bonnes. Ce sens sommaire ne nous a pas fourni d'autres abstractions.

Pour l'excrément tout le monde sera d'accord; pour l'aliment, c'est moins net. S'il est certain que beaucoup de personnes trouvent agréable une odeur de viande grillée ou de fromage, elles n'iraient tout de même pas jusqu'à en parfumer leur mouchoir — le fox-terrier se frotterait parfaitement dessus pour en parfumer son poil. Mais remarquons que, pour l'homme, il s'agit ici de l'aliment récent, civilisé, non naturel.

En vérité, notre sens olfactif est resté au stade de notre dernière étape animale. Les bonnes odeurs sont pour nous et sans conteste celles qui sont analogues aux essences de fleurs et de fruits. Cette fois on saisit le rapport avec l'aliment de l'arboricole frugivore que nous étions avant l'humanité. L'odorat est l'agent de liaison primordial entre le chimisme de l'être et le chimisme de son aliment. Plus tard, par associations de sensations, les autres sens à plus longue portée, l'œil surtout, s'y sont évidemment adjoints mais secondairement, comme l'a déjà fait remarquer Willem.

Sans doute, dans tout cela, il y a beaucoup à préciser, à étudier, à scruter. Je ne veux pas dire que la science de ces phénomènes soit faite, je dis seulement qu'on en sait assez pour être assuré que cette science pourra être faite. Et, si elle était à maturité, elle nous conduirait sans à-coups du monde physique jusqu'à la sensation et à la réaction mécanique qui, dans tout le monde animal et même chez l'homme, constituent une très grosse part de leur activité manifestée, part si importante que pour beaucoup c'est là toute la vie.

Cependant nous rencontrons *en plus*, chez les animaux supérieurs, la conscience de la sensation, le sentiment, la pensée et tout cela déborde tellement la préparation suivie dans les phénomènes par la seule voie de l'efficience que nous avons vraiment l'impression d'arriver dans un autre monde.

Peut-on à ce nouveau passage concevoir qu'il s'agisse d'une nouvelle réhabilitation d'énergie si contraire à la dégradation normale du monde physique, plus importante que celle dont nous avons reconnu l'existence dans le passage à la vie, mais dont celle-ci pourrait tout de même nous donner la suggestion ? Il s'agirait au surplus non pas de la réhabilitation d'une énergie commune en une autre énergie commune encore que supérieure, mais de l'aboutissement du monde phénoménal à un nouvel aspect de l'énergie inconnu partout ailleurs.

Il y a là une énorme difficulté pour tous ceux qui admettent la matière comme une donnée primordiale ou qui, comme nous l'avons exposé page 88, croient à la réalité essentielle de la masse. Ils sont conduits à un dualisme irréductible comportant à la fois matière et énergie, force et matière et leurs tentatives pour passer de la force à la pensée sont vaines ; la continuité dans ce sens est impossible ; c'est une évidence que le monisme est inimaginable dans cette direction.

Si de notre côté nous poursuivons l'idée déjà rencontrée qu'une pensée, qui échappe à l'espace et au temps, a, par un exercice dirigé d'une force qu'elle a

produite, construit le monde tout entier, nous serions
disposés à croire que nous trouvons enfin un reflet de
cette pensée plus brillant que dans tous les autres
phénomènes.

Cependant c'est la zoologie seule, voie étroite, qui
nous a conduits à ce vaste domaine et c'est pour moi
un sujet de grande surprise logique. Ma surprise
probablement paraîtra assez singulière, voici pourtant comment elle me vient.

Les premiers phénomènes relatifs à l'électricité,
attraction des corps légers par de l'ambre frotté,
parurent une propriété de l'ambre. C'est du reste cela
que veut dire électricité (ἤλεκτρον, ambre). Au lieu
d'ambre, résine fossile, on put prendre de la résine
actuelle, aussi de la gutta. Supposons que la science
eût en cet état sommeillé pendant des siècles et que
l'idée ne fût pas venue de frotter aussi du verre (on
pourrait citer beaucoup d'amorces laissées ainsi sans
usage fort longtemps et ensuite développées tout d'un
coup) pendant tout ce temps l'électricité fût demeu-
rée une petite curiosité botanique révélée dans quelques produits végétaux. Or elle est tout autre chose
de beaucoup plus général, un aspect de l'énergie
cosmique.

Un immense ensemble de faits impose cette conclusion. De même on peut admettre que la radioactivité, d'abord découverte comme une paradoxale propriété de quelques métaux singuliers, est ou a été un
phénomène extrêmement général duquel, au surplus,
il semble que nous ne devions apercevoir que la terminaison.

Mais quels faits pourraient laisser soupçonner que

la pensée, manifestée seulement jusqu'ici par l'intermédiaire des cerveaux, puisse être quelque chose de plus général qu'une propriété desdits cerveaux? Aucun, je l'avoue, car le spiritisme, du moins par ce que j'en connais, ne me paraît pas être le développement attendu de l'amorce. Le soupçon ne peut venir que de l'extrème disparité à tous égards entre la pensée et le cerveau, même entre la pensée et la vie. Je n'entreverrais parité, comme ordre de généralité tout au moins, qu'entre la réalité « pensée » et le concept « énergie » et je ne vois pas que l'une plus que l'autre se prête à une étroite localisation.

Je ne suis donc point dans un état propice à me laisser arrêter par des affirmations comme celles-ci, dont la hardiesse me paraît surtout faite d'imprudence et de légèreté : « Il n'y a pas de pensée sans cerveau. — La pensée est une sécrétion du cerveau comme la pepsine en est une de l'estomac ».

Ce sont de mesquines formules imitées de la physiologie statique. Et, si l'on ne conçoit pas la pensée sans le cerveau, je ne conçois pas le cerveau sans le corps. Je ne conçois pas le corps si ce n'est comme le produit d'une très longue évolution au cours de laquelle, sans discontinuité, la matière dont il est fait a rythmiquement extrait du monde inorganique, génération après génération, une quantité presque illimitée de matière, en a transformé, en a rejeté en quantité aussi démesurée, a été travaillée par des modelages infiniment divers, a accumulé des forces indéfiniment subies qui en ressortent aujourd'hui et qui paraissent y avoir leur origine. A ces modelages, à ces incarnations d'énergie, le Cosmos tout entier

prochain ou lointain a participé. De sorte qu'en fin de
compte je ne conçois pas la pepsine, pas plus que la
contraction musculaire et moins encore la pensée,
sans apercevoir du même coup le Cosmos illimité
dans l'espace et le temps.

Et le problème demeure entier.

Tout de même, puisque les cerveaux des êtres supérieurs sont les seuls composés matériels sur lesquels
on peut reconnaître l'action de l'énergie psychique,
ne convient-il pas d'en faire une analyse approfondie ?
Évidemment oui, même si l'on redoute que cette analyse ne soit guère plus efficace que ne l'eût été l'analyse de l'ambre pour comprendre l'électricité, ou
celle de l'oxyde de fer $Fe^3 O^4$ pour le magnétisme, ou
celle du radium et de quelques autres métaux pour
la radioactivité.

L'apparition du système nerveux chez les animaux
est, dans l'ontogénie et la phylogénie, un sujet magnifique. Les complications progressives de sa forme et
de sa prodigieuse structure sont sériées dans un si
bel ordre que leur connaissance donne des satisfac-
tions esthétiques aussi parfaites que la géométrie. Et
puis... c'est tout. De cette morphologie comme des
autres on ne peut tirer un enseignement complet que
par la comparaison incessante entre la forme et le
fonctionnement, étudié d'autre part et par d'autres
techniques qui constituent la physiologie.

La physiologie des centres nerveux a été beaucoup
travaillée ; elle a donné des résultats qu'il ne faut pas
dédaigner ; ils sont considérables et peuvent encore
être accrus. Que nous apprennent-ils d'essentiel ? Par
la doctrine fondamentale de l'arc réflexe, ils nous

apprennent d'abord que le système nerveux est inter-
posé entre les réactions de l'animal et les actions des
énergies physiques ambiantes, lesquelles pourraient
du reste, sans lui, amener exactement les mêmes réponses. Ces résultats nous apprennent ensuite que
l'énergie psychique peut produire des réactions identiques à celles que déterminent les énergies physiques.

Par exemple, un muscle de ma cuisse peut être
contracté par l'application directe d'énergie extérieure, prise sous sa forme la plus maniable d'énergie électrique; il peut faire le même travail par
l'application du même courant sur le nerf qui se rend
en lui; il peut encore le faire sous l'influence de ma
volonté.

L'énergie psychique, capable dans certaines conditions des mêmes effets que l'énergie physique serait-
elle de même nature que celle-ci? ou inversement
bien entendu. Serait-elle un aspect parmi tant d'aspects de l'énergie?

Il ne s'agit aucunement ici d'une proposition matérialiste, je dirai même au contraire, puisque l'ensemble de notre conception dynamique s'y oppose-
rait radicalement. Le symbolisme que j'emploie est
beaucoup plus immatériel que la traditionnelle représentation gazeuse de l'esprit — *spiritus*, un souffle.

L'énergie est simplement un travail qui implique
uniquement espace et force; chercher à unifier les
énergies, c'est chercher partout une force unique;
penser à retrouver celle-ci dans l'esprit, c'est admettre
qu'il est un produit de cette force, qu'il fait partie de
la création.

Mens agitat molem, disait le dualisme ancien et nous disons aujourd'hui la matière c'est de l'énergie ; c'est l'énergie seule qui, dans ses mutations, transforme ce que nos sens évaluent matière et lui impose indéfiniment les diverses apparences qu'elle revêt pour eux. L'énergie psychique de laquelle tout pourrait descendre et à laquelle rien ne pourrait remonter serait ainsi dans l'irréversible Cosmos plus près de l'origine que les autres aspects physiquement connus. Elle serait aussi plus près de la fin, puisque, sur la Terre tout au moins, c'est elle qui la dernière a pu se manifester au milieu des phénomènes.

L'étude anatomique, physiologique, pathologique des centres nerveux dont nous savons qu'ils sont le siège ou plus exactement la condition indispensable aux manifestations de l'énergie psychique a été très poussée, a donné de fort beaux résultats qui peuvent essentiellement se résumer en ceci. L'énergie psychique *a des voies*; il faut que son trajet soit intact pour qu'elle se manifeste avec ses caractères d'énergie *actuelle*, sinon elle resterait énergie *potentielle*, autant dire ignorée. Une lésion de telle, telle ou telle région cérébrale supprime la possibilité de telle, telle ou telle manifestation.

Sur un circuit électrique aussi, un mauvais contact par exemple diminue ou supprime toute manifestation d'énergie actuelle; celle-ci demeure potentielle mais recommence après réparation; de même pour les centres nerveux, quand la réparation est possible.

Tout cela tend à faire croire que la structure même de nos cerveaux, si compliquée mais si nette-

ment dérivée de structures inférieures et plus simples était nécessaire, dans le réalisé tel qu'il est,
pour que l'énergie psychique pût se manifester en
nous et à nous. Le long travail de modelage auquel
les énergies physiques ont soumis la matière dite
vivante n'était que la préparation indispensable à
cette révélation — nécessaire et indispensable ne
veulent pas dire suffisant.

Au surplus, d'après notre doctrine, l'être vivant
quel qu'il soit n'a aucune détermination intrinsèque
qui rende compte de ses propriétés, comme le croit
Weismann par exemple, mais au contraire rien n'est
en lui qui ne soit venu du monde ambiant. Nous
n'allons pas faire exception pour cette unique propriété de l'énergie psychique, nous imaginer que seuls
certains vivants sont capables de la produire *motu
proprio* et qu'elle ne leur vient pas de l'extérieur. Il
y a donc de l'énergie psychique en dehors des cerveaux et, en l'absence de preuve directe, cela ressort
de tout l'ensemble de notre rigoureux déterminisme
évolutionniste.

CHAPITRE IV

Énergie psychique et Individualité.

Sommaire. — Ame et énergie psychique. — Son équivalence possible avec les autres énergies. — La conservation de l'énergie psychique. — Sa conservation en quantité individualisée. — Le pari de Pascal.

Continuant à appliquer notre manière d'abstraire et notre langage scientifique, le concept d' « âme » pourrait alors avoir pour nous comme représentation « la quantité finie de l'énergie psychique qui peut « devenir actuelle dans un corps animal, c'est-à-dire « dans un ensemble matériel compliqué, longuement « modelé et préparé par l'antérieure action des « énergies physiques.

La quantité de l'énergie psychique? Comme nous dirions aussi la quantité d'électricité ou la quantité de calories? Prétendons-nous soumettre à la mesure et au nombre l'énergie psychique comme les autres, en faire un objet de connaissance scientifique?

Ce n'est pas nous qui commencerions, il y a longtemps que c'est fait.

Tout le monde comprend ce que veut dire un petit, un moyen, un grand esprit. Ces adjectifs s'appliquent également aux divers aspects de l'esprit : intelligence, bonté, etc... On va même plus loin dans la mesure, quand on cote par des notes dans les examens et les concours et qu'on attribue des coefficients aux diverses aptitudes. On cherche à resserrer l'approximation par l'invention de « tests » psychologiques.

Que la technique soit encore imparfaite et grossière, c'est bien certain ; mais elle peut être perfectionnée beaucoup si l'on y persévère ; elle suffit déjà pour montrer que la méthode scientifique de réduction à la quantité est applicable.

Il semble donc ultérieurement possible d'évaluer avec précision les quantités finies de l'énergie psychique ; mais il ne s'agit encore que de mesures par comparaison de ces quantités entre elles, avec des unités d'énergie psychique. Peut-il être conçu que l'on trouvera un coefficient d'équivalence entre ces unités et celles par lesquelles on mesure les autres formes ou les autres aspects de l'énergie ? L'affirmer serait hardi, le nier ne le serait pas moins, surtout si, comme il est possible, on découvrait d'autres formes encore inconnues de l'énergie, ainsi qu'on le fait plusieurs fois par siècle depuis quelque temps et si ces formes venaient combler l'hiatus qui existe visiblement entre l'énergie psychique et les autres.

Nous voilà sur le bord de la science, dans des régions frontières, mais nous n'avons pas l'impression qu'elles soient infranchissables ; ce qui ne veut pas dire que, dans cette direction, on pourrait aller indéfiniment mais qu'on pourrait avancer encore un peu.

Au reste, sur cette question pas plus que sur

aucune autre, la science à elle toute seule ne peut épuiser le sujet jusqu'au fond ; il suffit qu'elle y accède, qu'elle établisse ainsi sa liaison avec les autres formes de la connaissance et que toutes ensemble collaborent à la synthèse unique, au lieu de se heurter dans l'incompréhension ou de s'isoler dans des domaines réservés.

Quoi qu'il en soit, un animal nous apparaît maintenant comme un complexe local et momentané d'énergie captive, qui est sa matière, et d'énergie libre et, chez les plus hautement structurés, une partie de l'énergie libre revêt l'aspect psychique.

Existe-t-il d'autres complexes qui nous donneraient comme l'animal la notion d'unité dans l'être, ou d'individualité peut-on dire encore, en n'oubliant pas tout de même qu'en aucun cas aucune personnalité matérielle et énergétique ne peut être conçue totalement en soi et délivrée de tous liens avec le reste du Cosmos.

Pour moi tout au moins, la même notion de personnalité s'attacherait facilement à un tourbillon, à un aimant, à un système solaire.

Ces êtres ont une durée variable ; par exemple, il y a des tourbillons extrêmement fugitifs, d'autres sont infiniment durables et agitent des astres au lieu d'atomes.

Sans doute en eux de l'énergie se perd et se dégrade, et, pour fixer les idées par un de ces êtres de grandeur moyenne, pensons au système solaire. Une partie de son énergie se dissipe en chaleur rayonnée, il se refroidit. L'extinction qui a déjà gagné ses extrémités, si je puis ainsi dire, se propagera sans doute vers le centre; les lunes d'abord, les planètes ensuite, le soleil enfin se sont éteintes, s'éteignent, s'éteindra. Bien que certains astronomes admettent la possibilité d'une volatilisation terminale, on peut croire aussi qu'il y aura des cadavres d'astres dont la forme acquise, en quelque sorte fossile, ne sera pas détruite; mais surtout la part d'énergie qui fait la gravitation de l'ensemble sera conservée et le système éteint continuera sur ses orbes le mouvement qui faisait sa personnalité distincte.

Si de pareils ensembles sont capables de conserver à l'infini leur personne énergétique inférieure, quoi donc empêche de concevoir une pareille durée infinie pour des personnalités énergétiques autrement compliquées, autrement élevées dans la série, puisqu'elles pensent? Sans doute, on y voit bien de l'énergie physique se dégrader et se dissiper, on voit se disperser la matière qu'elle agglomérait et la forme s'évanouir. Qu'advient-il de l'énergie psychique qui était arrivée au système personnalisé? Sûrement elle ne se détruit pas, mais demeure-t-elle édifiée en un système distinct?

Sur ce point la science n'a aucune réponse. On ne peut affirmer la conservation; on ne peut affirmer la dissipation. Il y a des visions et des suggestions scientifiques de l'une et de l'autre alternative. Nous perdons tout appui, mais aussi toute force pour assurer que le pari de Pascal ne comporte aucune chance. Dès lors nous n'avons aucun droit pour faire opposition aux doctrines qui, autrement fondées, y mettraient une croyance ou une espérance.

Le concept d'âme finie auquel il n'est pas impossible d'accéder par le dehors et par la simple sériation des phénomènes énergétiques est, tout le monde le sait, singulièrement plus vigoureux si on le cherche par la voie des « noumènes » et de l'examen intérieur, ce qui est la méthode propre de la métaphysique et de la psychologie. Nous n'y pénétrons pas pour ne pas sortir de notre tâche professionnelle.

En vérité, chacun ne connaît parfaitement que sa propre pensée et son âme personnelle. Si nous sommes assurés que les autres hommes sont doués de la même façon que nous, c'est en raison des gestes que nous leur voyons faire. Leur âme ne nous est connue que par nos sens et par les phénomènes auxquels elle se mêle. De tous ces gestes, le plus précis, le plus complexe est la parole et encore n'est-elle qu'une approximation bien éloignée d'être adéquate à la pensée. Toutefois, c'est le plus puissant moyen que nous ayons de pénétrer les âmes étrangères.

Quant aux animaux voisins de nous, les éléphants, les chiens et plus généralement les mammifères et les oiseaux dont nous entendons fort mal le langage d'ailleurs rudimentaire et faiblement diversifié, nous sommes assez portés à croire qu'ils ne seraient pour l'énergie psychique que de faibles résonnateurs ou récepteurs.

Cela sans doute est vrai ; mais ils le sont quand même en quelque mesure et, dans les circonstances où nous les voyons raisonner et choisir, ils raisonnent et choisissent comme nous, plus faiblement mais de la même façon. Ils ont donc une petite âme, non sans analogie avec celle des jeunes enfants, à des différences spécifiques près. Il y a là d'ailleurs, sur la généralité et l'unité de l'énergie psychique, une indication qui n'est pas sans valeur.

En sorte que, si nous avons protesté contre la confusion complète et statique entre le vitalisme et l'animisme, il faut bien reconnaître, par la sériation cinématique, que la vie se présente dans l'intuition comme un concept primordial parce que nous percevons obscurément que son apogée est une condition fondamentale de notre psychisme exprimé; nous sentons la vie comme un ensemble phénoménal intermédiaire dont la base se perd dans le monde physique, mais dont le sommet touche le monde pensant.

En descendant la série zoologique, on ne saurait dire au juste où cesse d'agir quelque peu — ou de devenir perceptiblement actuelle — l'énergie psychique mais cela ne va pas très avant : mammifères, oiseaux, quelques insectes, c'est à peu près tout. Partout ailleurs on ne distingue que la réaction directe aux énergies physiques, sans rien de plus.

Bien entendu la question de durée indéfinie dont nous avons admis la possibilité d'une chance pour un système aussi hautement personnalisé que le psychisme humain ne saurait guère se poser pour des systèmes qui, même à l'état de vie, ne donnent que des impressions de fragilité, de brièveté, de fugacité.

CHAPITRE V

Premiers effets de l'énergie psychique dans le régime frugivore.

Nous avons montré comment l'énergie mécanique extérieure s'était progressivement accumulée dans le corps des animaux mobiles et l'avait structuré, le rendant capable d'extérioriser à nouveau cette énergie captée. L'énergie psychique, elle aussi venue du dehors sans que nous en voyions la source dans les phénomènes, a provoqué des actes, ce dont nous la savons capable, a suivi pour cela des voies que son passage renouvelé a structurées et améliorées.

S'il nous est à peu près impossible de nous représenter scientifiquement comment l'énergie psychique s'est peu à peu introduite chez tous les animaux supérieurs, nous pourrions peut-être essayer de concevoir nettement, pour commencer et à titre d'exemple préliminaire, une section de cette longue série. Nous pourrions tenter d'apercevoir les conditions dans lesquelles la petite intelligence de l'homme primitif, dans le cadre de la vie animale qu'il allait quitter, a construit les idées originelles, les idées primordiales desquelles vivent encore nos philosophies.

En cherchant à se figurer les premières phases des civilisations et des cités, on pense d'ordinaire avoir remonté assez loin dans le temps quand on a fixé sa pensée sur les tribus chasseresses d'ours et de mammouths, habitant les cavernes et faisant usage d'instruments en silex éclaté. Et pourtant ces sauvages précurseurs étaient déjà des hommes tout à fait : la grande révolution était accomplie ; ils s'étaient échappés de leur nature animale ; ils avaient agrandi leur pouvoir organique par des outils et des armes ; ils connaissaient le feu ; ils dessinaient ; ils se repaissaient de chair, ayant rompu avec tout leur passé zoologique de frugivores et d'arboricoles.

Mais au delà des données de l'archéologie et de la préhistoire, nous rencontrons celles de l'anatomie comparée. La souplesse de sa main prenante, le nombre et la forme de ses dents nous disent avec une entière certitude qu'avant tout cela l'homme se nourrissait de fruits à la cime des arbres ; et cette conclusion s'impose avec une telle nécessité que sans elle il faudrait voir dans notre corps l'unique exception à toutes les lois morphologiques. Ce sont les conditions mêmes de cette dernière étape animale qui ont mûri le germe des premières idées humaines.

La supériorité que l'homme manifesta d'abord tenait avant tout à son intelligence et à sa sociabilité, encore qu'à ce dernier point de vue il ne dépassât guère les abeilles et les fourmis si même il ne venait à leur suite ; elle tenait aussi à sa taille et à sa force qui le rendaient propre à des entreprises plus vastes

que celles de ces insectes ; elle tenait surtout à la
nature de son régime alimentaire qui fut particulièrement propice à l'évolution de ses qualités intellectuelles et physiques.

Le régime frugivore est en effet celui qui, toutes
choses égales d'ailleurs, tend le plus à développer les
qualités de prévoyance et d'ingéniosité.

Parmi les animaux qui vivent dans les airs ou sur
le sol, laissons de côté tous les êtres à température
variable, vers, insectes, amphibiens, reptiles, qui
échappent aux variations saisonnières de l'aliment
par l'engourdissement hivernal, par la nymphose, ou
par les multiples combinaisons du parasitisme. Laissons encore les oiseaux migrateurs qui, par la puissance de leur vol, poursuivent, en changeant de lati-
tude, la saison qui leur plaît et considérons les oiseaux
et les mammifères qui se déplacent dans une région
limitée et doivent y entretenir tout le long de l'année
leur vie à température constante au milieu des variations de toutes sortes qu'amènent les changements
du climat.

Pour ce qui regarde en particulier l'aliment, les
carnivores n'ont point à s'en mettre directement en
peine ; il suffit que les herbivores aient résolu le problème de vivre pour que la solution s'applique directement à ceux qui vivent d'eux. Aussi, à l'état de
liberté, les carnivores n'ont-ils pas la prévision dans
le temps ni le souci de l'avenir. Un lion ou un tigre,
maitre d'une grosse proie, en mange ce qu'il peut en
un seul repas puis abandonne le reste. A la faim prochaine, il se remet en quête. Tous font ainsi ; le
renard seul conserve ses excédents, du moins dans

nos pays civilisés et peut-être seulement en raison
des difficultés que l'homme lui crée.

L'herbivore banal, le mangeur de gazon, connaît
assurément les retours alternés d'abondance et de
rareté relatives; mais l'herbe sèche peut encore le
nourrir et lui permettre d'attendre le retour de la
saison propice. Dans les régions où la sécheresse est
longue, quelques réactions organiques suffisent pour
assurer une prolongation de la résistance. Une réserve
spéciale de graisse, replète dans l'abondance, se vide
dans la disette : telle est la bosse des bisons, des cha-
meaux, des zébus, de beaucoup de bœufs, d'antilopes
et telle la queue des moutons d'Arabie et de Perse.

Les animaux dont les vivres préférés sont les fruits
et les graines témoignent rien que par ce choix d'une
certaine perspicacité puisqu'ils se bornent à recueillir
les parties végétales dont la valeur alimentaire est de
beaucoup la plus élevée ; mais la période de disette
est pour eux très longue. Sauf dans la forêt équatoriale où des fruits variés s'échelonnent et se succè-
dent, l'époque fructidore remplit à peine le quart de
l'année. Et, tandis que l'herbe séchée sur pied sert
encore de fourrage, les fruits non consommés à
leur maturité tombent sur le sol pour germer et
pourrir.

Aussi faut-il que les frugivores soient des êtres
spécialement ingénieux et actifs. Ils doivent savoir
rechercher dans le sol tous les organes végétaux
riches en réserves qui puissent suppléer les fruits,
certaines racines, les bulbes, les oignons. Ce sont
les animaux les plus investigateurs et les plus informés ; rien de surprenant donc à ce que le plus habile

d'entre eux soit devenu le plus intelligent et le plus instruit de tous les vivants.

Poussés aussi par la longueur du temps des privations régulièrement revenues, les frugivores sont conduits à faire des provisions et à construire des greniers. Certains oiseaux du Texas et du Mexique (*Melanerpes, Colaptes*) emmagasinent des glands dans les tiges florifères creuses des aloès et des agaves. L'écureuil garnit de faînes plusieurs magasins. Le rat des champs (*Psammomys*) de Hongrie et d'Asie entasse dans son terrier plus d'un boisseau de grains; le hamster (*Cricetus*) en fait autant. Il semble bien probable qu'à la limite de la forêt équatoriale certaines tribus d'anthropoïdes furent amenées à cette pratique encore tout animale, de laquelle ont pu directement sortir, comme nous allons le montrer et sans qu'il faille imaginer aucune autre invention, le pain et le vin, qui furent si longtemps les aliments essentiels et sacrés.

Certains fruits secs des régions tempérées actuelles, noix, noisettes, châtaignes, glands, auraient pu être gardés en amas pendant assez longtemps et sans grands soins. Les fruits plus charnus, poires, pommes, raisins, dattes, cerises étalés au soleil sur le sable arrivent aussi à se dessécher et se prêtent à la conservation ; mais, réunis en tas, ils se gâtent rapidement. Si cependant, par un hasard facile à imaginer, un de ces amoncellements se trouve fait dans une dépression étanche, un creux dans un rocher non fissuré, une fosse dans un banc d'argile, le jus qui ne s'écoule pas fermente et donne une des innombrables boissons alcooliques: vin, cidre, arak, kirsch, dont l'odeur de fruit excite encore l'appétit et dont l'ingestion enivre. Le goût pour ces boissons est très développé chez les singes et tout porte à croire que leur découverte est une des plus anciennes que l'homme fît.

Avoir près de son canton forestier une cuve d'argile fut le premier désir industriel. Poignée à poignée un gros tas de cette substance est facile à édifier avec une dépression au centre, les hirondelles le font bien avec leur bec. Telle fut sans doute la première poterie, d'abord immeuble avant d'être meuble, inspirée par le régime alimentaire frugivore.

Le maniement de la glaise dont l'emploi initial avait un rigoureux déterminisme utilitaire put faire rapidement et rien que sous la main, rendue preste et forte par l'escalade des branches, tous les progrès qui contenaient en germe la céramique et la sculpture.

Il est naturel que le frugivore inquisiteur ait goûté des graines et qu'il les ait trouvées appétissantes et nutritives en raison de leur rapport avec les fruits ; certaines d'ailleurs, pratiquement dénommées graines, sont pour le botaniste de véritables fruits. Commençant par les plus grosses, comme celles du maïs, il étendit leur emploi et consomma celles du blé, de l'orge, du seigle, du millet et bien d'autres. Relativement faciles à conserver, elles firent de bonne heure, avec les fruits secs, le fonds des provisions d'hiver, les fruits charnus ne donnant plus que les boissons fermentées.

Cependant, en raison de sa dentition, l'homme peut mastiquer des graines, mais cela ne lui est ni

agréable, ni facile. Il avait, d'autre part, son habile
main d'arboricole ; il remplaça la mastication par
le broyage entre deux pierres pour manger à poignée
la farine, aliment bien sec qu'il fallait humecter
souvent, ce qui remplissait la bouche d'une pâte col-
lante. Faire la pâte avant de l'ingérer ne représente
pas un progrès bien colossal. Faire trop de pâte pour
un repas, conserver le reste, reconnaître qu'il fermente et qu'il devient à la fois d'un goût plus vif et
d'une digestion plus aisée n'est pas non plus une
découverte géniale.

Et cependant, quand l'homme sut conserver et
entretenir le feu des incendies que la foudre allumait,
il était déjà potier, boulanger et vigneron, sans avoir
eu besoin d'autre outil que ses mains.

CHAPITRE VI

Orientation des idées originelles par le régime alimentaire.

Sommaire. — Age d'or et forêt paradisiaque. — Provisions de fruits et germinations. — La notion de germe. — Génération et genèse. — Vie et fécondité. — Création et Créateur.

Telle fut la vie de l'âge d'or dans la forêt paradisiaque dont la tradition obstinée s'est perpétuée parmi les poètes. L'anatomie comparée réclame en sa faveur ; la préhistoire arrêtée aux farouches chasseurs poussait à la rejeter.

Il ne serait pas malaisé de montrer comment l'instinct frugivore des approvisionnements a directement produit toutes nos mœurs humaines relatives à la propriété et à la richesse ; mais ce n'est pas dans notre projet, limité au développement des idées.

Dans ses provisions plus ou moins habilement soignées, aussi bien de fruits que de graines, l'homme dut maintes et maintes fois voir des germinations. Et dans son esprit, en raison de son régime spécial, s'établit le rapport entre ce qui nourrit et ce qui reproduit ; par la sorte même de son aliment, il eut de bonne heure la notion du germe. Les deux vouloirs essentiels, se nourrir, se reproduire, étaient confondus dans ses connaissances et ses réflexions comme dans ses appétits. L'idée de germe fut une de ses premières idées générales.

En se multipliant par le fait d'une alimentation mieux assurée, certaines des tribus trop nombreuses s'écartèrent encore davantage de la forêt pleine de fruits, gagnèrent peu à peu les latitudes moins favorisées où les hêtres, les chênes, les châtaigniers, les noyers se couvraient de fruits peu succulents, de goût uniforme et faciles à conserver sans art. Le feuillage et le gazon du sous-bois nourrissaient en revanche d'abondants herbivores, rennes, cerfs, bovidés, chevaux, mammouths. La pauvreté relative des fruits poussa l'homme à s'emparer des animaux et à s'en repaître comme il le voyait faire aux ours et aux loups. Le feu, qu'il connaissait, lui permettait de transformer le goût de la chair crue si opposé à tous ses instincts antérieurs.

Les nécessités de la lutte nouvelle lui suggérèrent des épieux, massues, haches adaptés à sa main. Il oublia sans doute comme inutiles les rudiments de son industrie d'argileur et s'appliqua au contraire à la recherche des pierres qui se taillaient et se polissaient pour ses armes. Ces investigations de géologie utilitaire lui apprirent bien des choses et lui firent enfin rencontrer les minerais et les métaux.

Ce furent cependant ses vieux instincts de frugivore économe qui, sous son écorce de faux carnivore, mangeur de viande cuite, le poussèrent à conserver près de lui, sans l'étrangler sur l'heure, le gibier qu'il avait pris vivant. Parmi ces bêtes conservées, quel-

ques-unes restèrent stériles, d'autres acceptèrent de
se reproduire en captivité et ce fut la circonstance
même qui permit leur domestication et la formation
du troupeau.

Encore une fois et en dehors de lui, dans sa connaissance objective, l'homme retrouvait confondues
les notions capitales de réserves alimentaires et de
fécondité.

Quand toutes les tribus se brassèrent à nouveau
dans leurs perpétuels remous elles avaient en commun les mêmes idées; ce furent à la fois les plus uni-
verselles et les plus générales. Et nous pouvons
invoquer comme fondements des premiers concepts
chez nos ancêtres les connaissances biologiques
étendues qui les captivèrent dès l'abord et par nécessité, bien avant qu'il n'aient eu le souci de la marche
des astres ou des propriétés du triangle.

La conscience de sa personnalité subjective et la
comparaison avec celles qui, par analogie, se révé-
laient dans les animaux voisins ne pouvaient fournir
à l'homme qu'une confusion entre la vie et l'activité
d'apparence spontanée. A ce compte, pour lui tout
devait être vivant, l'eau qui bruit et s'écoule, le vent
qui agite les branches, les nuages qui se poursuivent et se fuient. Cette sorte de représentation exista
certainement : ce fut elle qui conduisit aux vues
anthropomorphiques du monde et aux polythéismes.

Mais à côté de cela, en même temps ou plus tôt,
nous ne pouvons pas le savoir, prit naissance une
façon différente de concevoir la vie. Par le fait
d'abord qu'il était intelligent et capable de réflexion
mais par le fait aussi de son régime alimentaire qui

lui fournissait une donnée spéciale d'attention et de
méditation objective, l'homme, comme nous venons de le dire, acquit de bonne heure l'idée du
germe.

Or, ce concept se rattache immédiatement à celui
de vie et le précise. Le vivant, grâce à cela, n'est
plus seulement caractérisé par son activité, il l'est
surtout par son évolution. Il commence par un germe,
il en pointe obscurément pour grandir et redonner à
son tour des germes et c'est cela, cela seul, qui réu-
nit dans un même ensemble les animaux et les
plantes.

Pour les plantes, le fait fut vite manifeste. Parmi
les animaux, les oiseaux, dont l'exploration arboricole avait rendu les nids familiers, apparurent
comme les êtres types producteurs de véritables
germes à la façon des plantes, les animaux si l'on
peut dire exemplaires, dont le cas devenait tout
d'abord et pour longtemps classique.

Les poissons nageant dans les eaux ensoleillées
n'avaient pu échapper à l'œil vigilant de l'homme
toujours en quête ; j'admets que pendant longtemps
il ne les connut que de vue et qu'il aperçut rarement
leurs œufs bien cachés. Mais il trouva sûrement
ceux des amphibiens, grenouilles et crapauds, qui
remplissent au printemps les mares de leurs amas
glaireux et sûrement aussi il prit pour des poissons
les petits êtres pisciformes, les jeunes têtards qu'il y
voyait s'agiter et qui en sortaient.

Les plantes, les oiseaux, les poissons tels furent
d'abord les vivants types dont l'histoire parut claire
et explicative. Les mammifères demeurèrent le pro-

blème, l'énigme d'autant plus obsédante que l'homme lui-même y était englobé. Chez ces animaux où était le germe ? où était la graine ? on voyait naître un petit tout formé. Le mâle sans doute émet une liqueur qui, dans toutes les langues, porte le même nom que le germe ou la graine. Mais il n'y avait pas évidence, l'assimilation n'était pas bien sûre, beaucoup s'en contentaient, d'autres la contestaient : ovulistes et spermatistes ébauchaient la querelle qu'ils devaient débattre si longtemps. En tout cas l'incertain, le mystérieux terminait la connaissance et fournissait le premier sentiment religieux qu'allait bientôt compliquer la peur dela mort, d'autant plus poignante qu'elle apparut plus précise par une plus nette distinction de la vie.

L'accord qui ne pouvait plus exister, par la nature même des choses, sur l'importance qu'il convenait d'attribuer soit au mâle soit à la femelle se rétablissait sur la nécessité de leur réunion dans l'acte fécondateur avec d'autant plus de facilité qu'il était la source de voluptés instinctives et l'objet d'irréprimables désirs.

Aussi la sexualité des plantes, qui fut vite connue par l'étude alimentaire du palmier, apparut-elle tout de suite comme le phénomène capital qui reliait la fécondation à la production du germe et qui donnait une continuité suggestive, sinon explicative, entre la germination végétale et la mystérieuse élaboration du jeune dans les profondeurs organiques de la mère.

Pour arriver à se rendre un compte exact de l'édification évolutive des sciences et des philosophies, il

ne suffit pas de dire une fois pour toutes que
l'homme était intelligent; il faut encore essayer de
déterminer quelle était la sorte de son intelligence,
comment orientée par ses premiers besoins et par
ses premiers actes et comment par suite elle dut
nécessairement construire la science et la philosophie que nous avons et non d'autres.

Or, par la disparition et le retour annuels de son
aliment, l'homme, à moins de demeurer dans la forêt
équatoriale et d'y rester orang, gorille ou chimpanzé,
dut acquérir la prévoyance, le sentiment de la succession et de la durée, la notion du temps avec celle de
la fin des choses et de leur origine.

La question ne put tarder à se poser relativement
aux vivants, si bien caractérisés pour lui par
l'alternance du germe et de la forme adulte. Lequel des deux aspects avait précédé l'autre? Il y eut
plusieurs réponses simultanées ou successives
appartenant toutes aux deux types suivants qui se
sont indéfiniment transmis. Les vivants ont brusque-
ment apparu en une seule fois, puis ont continué de
durer par la génération, ou bien les vivants se sont
organisés et peuvent toujours s'organiser sans germes
aux dépens de divers objets, c'est la genèse ou génération spontanée. L'origine de cette dernière conception repose sur tous les phénomènes où la vision
certaine de l'œuf échappe à une investigation active
sans doute mais dépourvue de méthode et de moyens
techniques. Suivant leur résidence ultérieure, les
hommes localisèrent les phénomènes de genèse soit
dans les profondeurs des eaux marines soit dans
l'humus de la terre.

Les deux concepts de génération et de genèse s'opposent par la présence ou par l'absence du germe. Mais ils se peuvent réunir sous le concept plus général de vie, de fécondité, de pouvoir producteur ou procréateur. Avec les idées de création unique des formes définitives, le germe est une donnée statique du vivant ; avec celles de genèse, le germe n'est plus qu'une manifestation particulière de la puissance génésiaque universelle.

Ces deux visions différentes, tantôt opposées, tantôt conciliées, sont la base même des plus anciennes représentations cosmogoniques dont nous ayons connaissance.

Tels furent les premiers gestes du prodigieux éveil qui, élevant la réflexion humaine au-dessus du fruit alimentaire, la conduisit aux notions de germe, de vie, d'évolution, de création et à l'idée d'un Créateur.

CHAPITRE VII

L'évolution de la bonté.

Par les chapitres précédents, nous avons cherché à montrer dans l'universelle dégradation d'un monde qui s'use certains arrêts et certaines réhabilitations. Nous avons vu de la sorte la vie apparaître au milieu du monde brut, sans nous étonner aucunement que tout ne fût pas devenu vivant et qu'il restât de la matière inerte. Nous avons essayé de comprendre comment l'incarnation de l'énergie mécanique avait structuré certains animaux de telle manière que le mouvement d'apparence spontanée et facile se montrât comme un de leurs caractères importants, mais nous n'avons pas été surpris de ce que tous les vivants ne fussent pas ainsi devenus très mobiles et que beaucoup restassent lents, lourds ou complètement fixés. Nous avons de même aperçu l'énergie psychique, épandue par le monde, aux réactions qu'elle donnait sur certains organismes vivants particulièrement compliqués sous le modelage antérieur des énergies physiques et nous avons admis sans effort que cette supériorité fût limitée à quelques animaux très évolués sans être troublés de ce que l'immense majorité du monde vivant et tout le monde brut demeurassent sans pensée, sans conscience et sans intelligence. Nous voudrions pour finir montrer comment la bonté aussi a émergé du confus bouillonnement des choses et il faudra bien nous attendre à ne pas la voir universelle pas plus que la vie, que la libre motilité ou que l'intelligence. Ce serait déjà beaucoup que d'y apercevoir un des « terminus » pour ne pas dire un des buts vers lesquels l'évolution a été dirigée.

L'examen que nous avons fait du monde est évidemment conditionné par les qualités de notre matière, par les réactions de notre vie, par les données de nos sens animaux, par l'intelligence de notre humanité. Est-ce à dire qu'un pareil examen est nécessairement borné et tout à fait spécial? Borné, il ne l'est que par l'insuffisante ampleur de notre intelligence, mais spécial il ne l'est pas ; car l'homme n'est pas spécial dans le monde dont il fait partie, dont il est sorti, par lequel il a été modelé. Et notamment l'intelligence humaine plus vaste et plus diverse que l'intelligence animale, quand celle-ci existe, est de la même sorte. L'homme et l'animal supérieur « se comprennent » ; l'homme évidemment déborde l'animal mais il y a coïncidence partielle.

Et cette vue cosmomorphique de l'homme ne sau rait être confondue avec une vue anthropomor phique du monde puisqu'elle en est juste l'opposé.

Tout notre travail jusqu'ici s'est employé à construire une connaissance intellectuelle ou rationnelle de la nature, complétons-le par un rapide aperçu sentimental.

Quels sentiments peut inspirer une connaissance complète de la nature ? Et comment s'accorderont-ils avec ceux qui dirigent notre vie sociale ? avec ceux que nous retirons de notre expérience humaine ?

Remarquons d'abord qu'ils doivent s'accorder d'un accord nécessaire. Notre vie sociale et notre expérience humaine sont, nous le répétons, des phénomènes naturels biologiques et psychiques et les sentiments qui en dérivent ou qui s'y appliquent ne peuvent être que des cas particuliers, rattachés au cas général qui ressort de l'étude biologique générale.

Avant de nous engager tout à fait, jetons d'abord un rapide regard dans cette région intermédiaire entre l'intellect pur et la sensibilité, dans le domaine de l'esthétique où les artistes connaissent les phénomènes naturels par une analyse qui diffère de la nôtre à nous, hommes de science.

L'accord entre leur connaissance et leur sentiment constitue la beauté. Et je n'insiste pas car tout le monde sait aussi bien que moi. Évoquons donc la beauté des grandes masses naturelles, des paysages de plaines moissonneuses, de hautes montagnes rocheuses ou glacées, de mers unies, azurées ou phosphorescentes, de mers gonflées par la force des vents, et la beauté des soirs et la beauté des nuits et celle des forêts.

Et si, décomposant les masses, nous examinons les éléments qui les constituent, encore serons-nous sensibles à la beauté de l'arbre, à celle de la fleur, sensibles à l'agencement des couleurs sur les formes des animaux familiers, sur les formes plus singulières des animaux marins étalés dans les flaques d'eau claire.

Et donc il semble qu'indéfiniment l'on pourrait parler de la beauté de tout pour tous. Cela n'est pas. Laissant même de côté certaines phobies spéciales et maladives enregistrées dans les annales de psychopathologie, il est très fréquent, presque constant, que la vue d'une araignée inspire de l'horreur, malgré qu'en réalité il soit aisé d'admirer le dessin de son corps velouté et la brusquerie de sa fuite agile.

Presque tous encore ont horreur du crapaud malgré l'éclat de son bel œil doré et la douceur de sa voix cristalline quand il appelle, au long des soirs d'été.

Si l'on comprend qu'un vieil instinct endormi de peur raisonnable, à cause des venins, puisse se réveiller à la vue d'une araignée ou d'un serpent inoffensif, il faut sans doute y rattacher par analogie l'horreur du crapaud, de la grenouille, du ver, de la pieuvre.

Quoi qu'il en soit, cette attirance et cette répulsion que nous venons de rencontrer dans l'ordre esthétique, nous allons les trouver également dans l'ordre sentimental.

L'homme, ou tout autre vivant, par le fait qu'il vit, exécute des actes physico-chimiques dont l'ensemble justement constitue sa vie. Parmi ceux-ci se trouvent les actes indispensables à l'entretien de son corps matériel et en premier lieu la recherche et l'absorption des aliments.

Une analyse rationnelle de ceux-ci nous les fait grouper en une série minérale formée de l'oxygène, de l'eau, de sels minéraux et en une série organique qui comprend les hydrates de carbone, les graisses, les albuminoïdes. La première série est tout aussi indispensable que la seconde; sa privation entraîne la mort rapide; elle constitue, dans l'animalité la plus élevée, le dernier lien immédiat qui rattache celle-ci à l'infini Cosmos dépourvu de ce que nous appelons la vie ou pourvu seulement de cette vie atomique récemment soupçonnée, plus mystérieuse encore que l'autre, plus profonde, plus intime.

Mais l'émoi atomique, si je puis ainsi dire, n'atteint pas notre sensibilité. Il ne nous importe pas, à ce point de vue, que les vibrations, que les tourbillons, que les translations d'atomes se fassent d'une manière plutôt que d'une autre, constituent une substance à la place d'une autre. Tout cela nous est indifférent, si profondément que nous analysions ou que nous imaginions.

Il en est tout autrement pour la seconde catégorie d'aliments, pour ceux de la série organique. Il ne faut pas réfléchir beaucoup et surtout ne pas imaginer beaucoup au delà des formules pour conserver son impassibilité chimique.

Sans doute, les aliments albuminoïdes par exemple peuvent être conçus comme des composés d'oxygène, d'hydrogène, de carbone et d'azote et comme nécessaires à notre ration d'azote; mais si nous nous demandons où nous les trouvons dans la nature, nous savons que la plus grosse part, pour nous hommes, provient des œufs, des fromages, de la viande.

Les œufs sont les germes de la poule qui se trouve ainsi atteinte par nous dans sa vie spécifique, dans la vie de l'espèce. Le fromage, le lait que nous consommons portent aussi préjudice à la vache dans sa vie spécifique et dans l'élevage de son jeune.

Dans ces deux cas, on peut dire que la vie domestique, avec sa surnutrition et sa tranquillité dues à notre effort, a exagéré la ponte et la sécrétion du lait ; il s'en produit plus que naturellement et le surplus est notre part comme dû à notre industrie. C'est un argument.

Mais derrière le boucher, il n'est pas difficile d'imaginer l'abattoir et, derrière encore, la prairie où l'animal paisible menait son modeste bonheur.

Ce tableau complet, vu d'ensemble, heurte le sentiment de quiconque réfléchit et imagine ; on n'y trouve aucune excuse et la seule façon de s'en tirer est de ne réfléchir à rien et de n'imaginer rien.

Et voici que l'aliment est devenu la proie.

Sans doute, à cet égard, l'homme n'est pas pire que beaucoup d'animaux, que ceux appelés justement *prédateurs*. Ils sont nombreux. C'est le lion qui d'un brusque bond saisit l'antilope à la gorge ; c'est la bande des chiens sauvages qui, des heures et des heures, mène le train de chasse derrière la gazelle et finalement la dévore toute chaude ; c'est l'épervier qui plume le petit oiseau frémissant et le dépèce ; c'est le crabe qui a traqué dans une flaque un poisson et qui le grignote, malgré ses contorsions, indéfiniment ; c'est le poulpe à son tour qui de ses bras flexibles saisit le crabe, l'attire, l'écartèle et de son bec aigu fouille ses intestins.

Il y en a tant et tant que la terre et les océans apparaissent comme un vaste carnage, comme une souffrance sans bornes, conditions d'un immense appétit satisfait.

Les prédateurs en outre sont doublés des parasites qui ne tuent pas leur proie d'un seul coup. Les uns sont légers et seulement incommodes, puces, poux, moustiques; les autres sont plus profonds et plus tenaces; les uns appartiennent à l'animalité compliquée des crustacés et des insectes; les autres sont tout à fait rudimentaires : protozoaires ou bactéries qui, pour entretenir et développer leur vie, usent la vie des fiévreux et des phtisiques.

Il semble, à la suite de ces nombreux faits, que vivre c'est tuer ou faire souffrir. Et nous voilà obsédés d'une désolante et paradoxale vision.

Cependant, les aliments qui nous occupent, graisses, hydrates de carbone, albuminoïdes, ne sont pas nécessairement et exclusivement fournis par des proies animales. On peut les retirer de la vie végétale et beaucoup d'animaux le font qui sont souples et forts et endurants, tels, parmi les êtres familiers, les chèvres, les bœufs, les chevaux, les éléphants.

Sans doute les herbivores détruisent de la vie pour entretenir la leur, mais pas totalement. Le gazon brouté, repousse, et si les frugivores et les granivores suppriment des germes et réduisent la vie spécifique, encore faut-il observer que ces germes sont beaucoup trop nombreux, que tous ne se développeraient pas, que cela seul est mangé qui autrement serait perdu, pourrirait, retournerait au monde inerte. Les végétariens conservent dans le domaine vivant les substances retirées de la matière brute par la vie végétale.

En outre, les végétaux n'ayant pas de système nerveux, n'ont pas de sensations. De sorte que l'entretien de la vie par ce processus n'a pas pour fondement nécessaire le meurtre et la douleur.

Voilà, en opposition à la précédente, une vision qui satisfait et cette satisfaction veut dire que le spectacle est adéquat à notre mentalité profonde ; c'est un argument ajouté à tant d'autres pour prouver que nous sommes une tribu de ce grand peuple végétarien. L'homme primordial était en effet arboricole et frugivore.

A l'exception des parasites, les végétaux, innombrables en leurs individus et qui couvrent la terre, extraient directement leur vie de l'atmosphère et du sol. C'est le lien immédiat, total, entre le vivant et l'inerte, lien que chez les animaux nous n'avons trouvé que partiel, dans la nécessité de leurs aliments minéraux. C'est un retour complet de l'émotion à la sérénité chimique.

Mais, peut-on dire, si le cycle vital va de cette élaboration de la vie par la plante au végétarien qui trouve dans celle-ci sa ration, puis au carnivore qui la retire du précédent, la vie ne va-t-elle pas d'une façon progressive vers le meurtre fatal ?

Cette sériation que l'on peut énoncer en effet est arbitraire, artificielle, incomplète et ne correspond nullement à l'évolution qui s'est faite et que nous examinerons à l'instant dans son objectivité totale.

Après ce premier coup d'œil sur l'entretien de la vie individuelle, examinons à son tour l'entretien de la vie spécifique et la perpétuité de l'espèce. L'acte reproducteur dans son intimité élémentaire et cellulaire offre une alternance extrêmement générale entre la formation de spores asexuées et la fécondation qui nécessite la conjonction de deux éléments cellulaires et souvent la conjonction de deux individus de l'espèce.

Chez les êtres unicellulaires sans organes et par suite sans système nerveux, comme aussi chez les plantes, l'acte fécondateur n'est qu'une fusion, résultant d'une affinité chimique ou, comme on dit, d'un chimiotactisme. Il ne s'y trouve rien de plus que d'admirables phénomènes de chimie, d'assimilation renouvelée, de croissance matérielle et d'édification de formes.

Mais à mesure que l'on regarde des animaux plus complexes, on s'aperçoit que la maturation de leurs éléments génitaux modifie toute leur vie individuelle, altère leur chimisme profond et, par ce détour, leurs instincts et leur trace une conduite nouvelle.

Le printemps est l'époque ordinaire de cette maturation et c'est un spectacle profondément émouvant, qui a touché tous les poètes de tous les temps, que cette reprise de la vie végétale, de la floraison féconde, de la recherche obstinée des couples, de l'universel amour qui s'épand sur les prés, dans les bois, sous les eaux, de cet amour qui, dans la plupart des cas, n'est qu'une aveugle poussée de l'instinct mais qui, chez les êtres les plus élevés, capables d'énergie psychique, ébranle jusque dans leur profondeur toute leur psychologie et toute leur intelligence.

Et non seulement les êtres que nous voyons tous les jours sont ainsi bouleversés, nos animaux domestiques de l'étable et de la basse-cour, et les lièvres dans les champs qui se livrent à des courses sans prudence, mais encore on voit sortir tous ceux qui sont toujours cachés. Les taupes parcourent les chemins dans d'aventureuses et souvent fatales courses du printemps ; les crapauds en longues théories gagnent les mares où ils s'accouplent et, ne craignant plus rien ni ne se cachant plus, paient souvent de la vie leur entreprise ; les tortues sortant de leur sommeil hivernal se caressent à coups d'épaule carapace contre carapace et les insectes, abandonnant leur dépouille larvaire, quittant les cocons, sortant de sous la terre, de sous les écorces, mènent leur courte vie parfaite, s'accouplent et meurent.

Ce spectacle correspond à nos propres instincts et nous satisfait, s'accorde avec nos sentiments et nous ferait oublier la vision meurtrière qui nous a obsédés tout à l'heure s'il n'en venait un rappel dans quelques cas spéciaux.

Par exemple, l'araignée femelle, plus grosse et plus forte que le mâle, aussitôt fécondée par lui, le tue et le mange. Encore, dans les ruches d'abeilles, les mâles ou faux bourdons, qui ont été élevés à ne rien faire, qui se sont repus de miel sans jamais récolter, sont invités le moment venu au vol fécondateur. La Reine, la seule femelle féconde de la ruche, s'élance par un jour ensoleillé et s'en va dans l'azur, les mâles montent derrière et le vainqueur de cette course en hauteur joint la femelle et la féconde. Les autres, comme aussi bien le triomphateur de cette belle journée, rentrent à la ruche et séance tenante ils sont tués à coups d'aiguillons.

La période d'amour passée, la fécondation faite, la ponte achevée, la plupart des êtres vivants retournent à leur vie individuelle : l'incident est clos.

Mais, chez les êtres les plus parfaits, les processus naturels, d'abord purement mécaniques, imposent aux procréateurs, à la femelle surtout, aux deux parents dans les cas les plus achevés, un lien plus durable avec les jeunes individus qui se sont détachés d'eux, un travail plus soutenu pour assurer leurs premières étapes.

Chez les végétaux, les plantes les plus structurées et les dernières apparues dans l'évolution, les angiospermes parmi les plantes à fleurs, élaborent des réserves qui constituent un fruit, lequel renferme la graine et l'embryon. C'est une réaction de la plante au parasitisme inflammatoire des jeunes vies, déjà distinctes de la sienne et restées sur elle, une sorte de galle analogue à celle que produirait aussi une larve d'insecte déposée sur elle. Et l'on ne peut pas dire que cette réaction a pour désir, pour but, ni même pour effet de protéger et de nourrir l'embryon au début de sa vie. Les réserves les plus abondantes, .les pulpes de pommes, de poires, de prunes ou de cerises sont pourries et disparues bien avant que l'embryon n'en ait pu profiter.

Mais cette réaction mécanique au parasitisme du jeune, crée, chez les animaux pourvus de système nerveux, des sensations, des manières de se comporter, des instincts avec lesquels l'ensemble de la vie s'accorde et cet accord constitue le bien-être. Que si l'animal est intelligent, l'intelligence aussi s'accorde normalement avec l'instinct et cela crée le sentiment et la volonté d'y satisfaire.

Ainsi s'ouvre dans la nature le grand épisode de l'élevage des jeunes, sujet considérable, extrêmement divers où nous pourrons seulement puiser quelques faits.

Ce qui le caractérise en tout cas c'est l'exécution d'un travail par un animal non pour l'entretien de sa vie personnelle mais pour une autre vie. C'est en fait un don de soi. Plus il est mécanique, plus il est obligatoire et plus c'est intéressant, puisque alors il se présente comme une loi naturelle, non pas une loi universelle, mais une loi des plus hautes espèces, qui régressent en y échappant et qui disparaîtraient si la régression se généralisait dans l'espèce.

L'élevage des jeunes transforme les amours passagères des couples en collaboration plus ou moins durable de laquelle résulte une amitié qui parfois dure toute la vie, chez les oiseaux notamment où les mêmes couples se retrouvent chaque printemps pour l'édification des nids et chez les hommes aussi, beaucoup plus souvent que les romanciers ne le disent et qu'il n'apparaît dans les faits divers des journaux.

Ce don de soi que nous saisissons, imposé par la nature, tout mécanique d'abord et auquel ultérieurement consentent l'intelligence et la volonté à mesure qu'elles se développent dans ces conditions-là justement, présente quelques régressions. Le parasitisme, qui consiste essentiellement à éviter le tra-

vail, se trouve là comme ailleurs et nous voyons les
coucous pondre dans les nids des autres oiseaux. Le
parasitisme est toujours une régression, jamais un
progrès et si toutes les espèces s'y adonnaient, toutes
disparaîtraient.

Il ne faut point tenter d'épuiser ce sujet bien trop
vaste; nous en avons déjà retiré l'essentiel. Disons
un mot cependant sur une sorte d'élevage intéressante
qui comporte encore le don de soi ou le travail
pour d'autres, mais qui est sociale au lieu d'être
familiale.

Chez les hyménoptères sociaux : abeilles, guêpes,
ou fourmis, les œufs pondus par une seule femelle
fécondée ou par un petit nombre sont pris à mesure
par les ouvrières, femelles stériles qui constituent la
société, et les larves qui en naissent sont soignées et
nourries de la façon la plus attentive et la plus continue. Les abeilles placent chaque larve dans une cellule qu'elles garnissent de miel ; les fourmis élèvent
les leurs par petits lots de même âge très bien
arrangés.

Si cette façon de faire étonne notre instinct familial,
elle ne nous heurte pas violemment car elle concorde
avec notre instinct social. Toutefois la condition qui
fait réussir un pareil élevage collectif est l'asexualité
de la communauté. Il y a un instinct de moins en jeu.
Comment un pareil dispositif réussirait-il chez les
hommes ?

Nous venons de confronter avec notre sentiment
les vies individuelles et les vies familiales, agissons
de même pour les vies sociales.

C'est une sorte de vie extrêmement particulière

dont la nature nous présente de nombreux exemples
inégalement développés et que l'on peut sérier de la
façon suivante.

Il y a d'abord la vie sociale extrême ou collecti-
viste. Elle existe chez les hyménoptères sociaux, fourmis, abeilles et guêpes et chez quelques névroptères
comme les termites. Elle abolit la vie de famille et
du même coup la propriété individuelle qui lui est
connexe. Elle comporte le don absolu de soi y compris
le sacrifice de l'instinct sexuel qui va jusqu'à l'aboli-
tion des organes.

L'égalité qu'elle comporte, l'équivalente distribu-
tion des labeurs et des jouissances exerce un singulier
attrait, par le sentiment, sur l'esprit de certains
d'entre nous. Ils ne se rendent peut-être pas suffisamment compte que le principal obstacle à son établissement parmi nous est son conflit avec nos instincts
familiaux.

Les rares groupes humains où le collectivisme soit
pratiqué avec succès sont les communautés religieuses, catholiques ou bouddhistes, dans lesquelles
justement l'instinct familial est supprimé par un sentiment plus fort qui le domine ; mais c'est au-dessus
de la force humaine ordinaire.

Nous trouvons ensuite la vie sociale moyenne ou
tempérée par la vie de famille ; elle existe par exemple
chez les hommes, chez les castors, et chez bon
nombre de mammifères.

Dans les vieilles société humaines, comme encore
chez les Orientaux, la vie de famille et la vie sociale
ou publique sont séparées, l'une dans le gynécée,
l'autre sur l'agora, dans la maison ou sur le forum,

dans le harem ou au dehors. Chez les peuples chré-
tiens, la famille est moins close, la femme de plus en
plus prend part à la vie sociale ; mais, tout de même,
il y a une vie de famille dans une certaine mesure
fermée. L'école, en participant à l'élevage des jeunes,
est un intermédiaire entre les deux sortes de vies
et souvent d'ailleurs un des lieux de leur conflit.

L'existence de la famille entraîne la propriété de la
tente, de la hutte, de la maison pour l'abriter intime,
aussi bien que du champ et du troupeau pour la
nourrir et l'élever.

Toutes les questions dites sociales résultent exclusivement de l'opposition qu'il y a entre la vie familiale et la vie sociale beaucoup plus que d'un conflit
entre l'intérêt individuel et l'intérêt général qui serait
facile à résoudre.

Il y a enfin une vie sociale temporaire alternant
avec la vie familiale. C'est par exemple celle des cor-
neilles qui vivent en grandes bandes à l'automne et à
l'hiver et se séparent par couples au printemps pour
édifier leurs nids et élever leurs jeunes. C'est celle
aussi de beaucoup d'autres animaux.

La vie sociale est objectivement un bienfait ; par
les travaux en commun, elle obtient un très grand
développement du bien-être. Par l'échange des habi-
letés diverses, elle assure un meilleur rendement.
Par l'extension de la sociabilité à d'autres espèces,
elle crée la domestication pratiquée par les fourmis et
par les hommes.

Elle comporte essentiellement un nouveau don de
soi, qui se surajoute à celui que nous avons rencontré
dans l'élevage des jeunes, un nouveau don sans la

présence duquel elle ne pourrait absolument pas exister. Son essence s'oppose à l'égoïsme sans réserve ; on y voit encore le travail pour une autre vie ou pour d'autres vies que la sienne.

Il y a bien entendu réciprocité et il est légitime d'escompter celle-ci ; mais l'homme le plus social, le plus représentatif de l'état nouveau, l'idéal si l'on veut, est celui qui pense le plus aux autres et le moins à soi-même.

De même que nous avons vu à la vie individuelle végétarienne s'opposer la vie individuelle carnivore et meurtrière ; de même que, plus rarement, nous avons vu les préludes de la vie spécifique s'achever dans le meurtre des mâles chez les araignées et les abeilles ; de même que l'élevage des jeunes a comporté divers cas de parasitisme esquivant le travail, celui des coucous en particulier ; de même aussi dans les sociétés il y a des individualités inférieures qui esquivent l'essentiel principe, sur lequel tout repose, de l'amour altruiste et du don de soi-même.

Il y a les meurtriers et les voleurs par retour au prédatisme ancien ; il y a les exploiteurs qui retirent de la société d'abusifs avantages pour leur joie personnelle ou des accroissements exagérés de leur bien familial ; il y a les paresseux et les mendiants professionnels, véritables parasites sociaux.

Au résumé, rien de ce qui satisfait notre sentiment ou qui le heurte, et que pour cela nous appellerions le bien ou le mal, ne se présente dégagé dans la nature, ni net, ni à l'état de pureté. L'optimisme naïf d'un Bernardin de Saint-Pierre est aussi inexact que le pessimisme farouche d'un Octave Mirbeau.

Que conclure donc de ce mélange complexe, de cet amas infiniment touffu ?

Laissons là notre sentiment qui nous a servi de critère, de conscience, pour évaluer et en quelque sorte définir ce que nous appelons bien, ce que nous appelons mal. Servons-nous de notre raison. Tenons-nous en dehors des choses, comptons-les.

Sans doute, il est bien impossible de faire le décompte juste et un par un de tous les faits qui nous intéresseraient à cet égard, mais n'est-il pas évident que le bien l'emporte ?

Car... s'il y avait plus de prédateurs et de parasites que de proies et que d'hôtes, le monde animal aurait depuis longtemps péri et aussi, s'il y avait plus d'amours stériles que d'amours fécondes. Les espèces et les classes d'animaux dont les jeunes sont fragiles auraient disparu si les parents avaient en majorité esquivé les labeurs de l'élevage. Et, dans les sociétés, si les instincts égoïstes avaient prévalu, elles se seraient dissoutes et seraient depuis long-temps désagrégées dans l'anarchie sauvage.

Cette conclusion statique sur l'équilibre actuel est déjà importante ; elle serait décisive si tout était stable, si tout l'avait toujours été. Mais rien n'est, stable ; tout change ; tout a changé. La question est alors de discerner par quoi se termine cette évolu-tion naturelle et quel est le dernier produit de ce long travail mouvant.

Alors on voit bien déjà que, parmi les vies indivi-duelles, les carnivores ne sont ni les dernières venues, ni les plus développées ; il y en a toujours eu et si nous considérons les animaux familiers, nous

voyons au contraire disparaître les loups, les tigres
et les lions.

Les oiseaux et les mammifères qui sont, de toutes
les classes, celles-là mêmes qui, dans l'élevage difficile des jeunes, pratiquent le plus le don de soi et
l'amour maternel sont les dernières apparues sur la
Terre. Leur épanouissement ne date que de l'époque
tertiaire toute proche de nous.

Et la vie sociale qui a trouvé son expression la
plus compliquée et la plus équilibrée dans l'homme
n'est-elle pas encore plus récente ?

L'examen cinématique des choses nous montre la
bonté émergeant du bouillonnement des luttes et
des immolations aussi nettement qu'il nous montre
l'intelligence progressivement étinceler et jaillir des
masses automatiques, successives ébauches aujour-
d'hui disparues, fossilisées.

Et la cause de cette ascension, son dynamisme
profond, dont on peut suivre les étapes mécaniques
et nécessaires, est-il le hasard aveugle? N'est-il pas
plutôt, comme cela nous a été déjà suggéré, l'expression d'une volonté qui serait à la fois l'origine et
la fin du cycle colossal?

Un mot encore pour ceux qui, malgré la progression visible, ne se consoleraient pas de ce qui reste
encore de mal dans le monde actuel, de leur vivant.

Songeons que la douleur, la contrainte et la gêne
sont les sources premières de tout notre savoir, de
toutes nos vertus : celui qui n'a jamais souffert, qui
n'a jamais été contraint, qui ne s'est jamais gêné ne
sait rien et ne vaut rien. La souffrance est un enseignement (ῖα παθημαῖα μαθημῖα) disaient les philo-

sophes grecs et l'aphorisme est d'une constante
vérité.

Nous voilà, n'est-il pas vrai, dans les plus hautes
maximes de la morale ascétique, bien au-dessus de
la Terre, bien loin à ce qu'il semble de la vie matérielle, du mécanisme biologique et de l'évolution des
formes. Nous en sommes au contraire très près; il
suffit de transposer, de traduire, de savoir analyser
et synthétiser.|

Dès que, dans le monde animal, l'apparition méca-
niquement imposée d'un système nerveux apporte la
condition nécessaire aux manifestations de la sensation, du désir, du plaisir et de la peine, nous sommes
obligés de reconnaître que la peine est la condition
formelle de tout perfectionnement et de toute évolution progressive, que le plaisir, au contraire, ou
même l'échappement à la peine est le début de
toute évolution régressive.

Tout cela peut être illustré d'exemples innombrables, précis et décisifs. Et n'est-ce pas au surplus la
thèse même de Lamarck que l'usage répété, renouvelé, malgré la lassitude, par l'effort, que l'entraînement actif développe les organes?

Ce qui est vrai de l'organe l'est aussi de l'organisme; l'être qui s'efforce et qui peine devient plus
fort et mieux modelé.

Le manque d'usage au contraire entraîne les
régressions d'organes; et, pour les organismes, le
moindre effort, le plaisir immédiat et continu amène
des dégradations invraisemblables parfois par leur
importance.

CHAPITRE VIII

Évolution et Progrès.

Sommaire. — Evolution progressive, régressive ou oscillante. — Le concept d'évolution universellement admis, celui de progrès ne l'est pas. — Progrès et hétérogénéité. — Progrès et différenciation.

Nous allons dans ce chapitre examiner et confronter les deux concepts d'évolution et de progrès. Dans quelle mesure sont-ils liés? dans quelle mesure indépendants? Cette recherche aura du reste l'avantage de nous obliger à préciser ces deux termes.

Il en est fait un usage fréquent. Ceux qui les emploient savent je pense la signification qu'ils leur donnent; leur compréhension paraîtrait d'après cela n'être que d'une difficulté moyenne. Ce n'est pas tout à fait mon avis.

Sans doute, entre les deux concepts, il y a une liaison, mais une liaison irréversible et sans réciprocité. Le progrès n'a aucun sens en dehors de l'évolution, mais inversement l'évolution peut très bien se concevoir sans le progrès.

Effectivement, avec les deux concepts on peut faire et on a fait toutes les combinaisons suivantes :

I. — L'évolution est toute progressive. C'est la

thèse d'Herbert Spencer : ce philosophe considère comme fatale, par constatation de faits et sans en rechercher la cause, la marche de l'homogène à l'hétérogène, de l'indifférent au différencié, de l'uniforme et de l'indéterminé au divers et au déterminé. Pour lui et pour son école, c'est cela même qui est la définition du progrès. Evolution et progrès se confondent.

Le bergsonisme est un rameau repoussé sur ce tronc, une expression de la même doctrine générale, avec moins de précision dans les termes et plus de lyrisme dans la forme. Le processus évolutif conduit par lui-même à l'infinie diversité du monde : l'évolution est créatrice.

Et, dans ces manières de voir, aucune nécessité ne s'impose de croire à une fin du monde, en prenant le mot fin soit dans son sens de terminaison mécanique des mouvements, soit dans son sens aristotélicien de but.

II. — A l'inverse, l'évolution est toute régressive. C'est l'antithèse de la dégradation de l'énergie, admise par tous les physiciens, poussée à ses conséquences extrêmes dans le fait évolutif par lord Kelvin. Toutes les énergies supérieures, mécanique, électrique, sont susceptibles de se transformer intégralement en chaleur à un taux constant d'équivalence. Inversement l'énergie calorique ne peut, au même taux d'équivalence, que partiellement revenir aux formes supérieures. Il y a dissipation obligatoire d'énergie sous forme de chaleur rayonnée; en sorte que, de perte en perte et sans qu'il y ait jamais de récupération, toute l'énergie du monde doit se dissiper en chaleur. Peu à peu s'établira un équilibre de température et le monde finira par ce retour à l'homogène.

C'est juste l'opposé du point de vue précédent et, dans cette manière de comprendre, il est nécessaire de concevoir une fin du monde au sens mécanique de l'arrêt des mouvements ; il n'est par contre aucunement évident que cette fin ait le caractère d'un but.

III. — Vis-à-vis du progrès, l'évolution enfin peut être considérée comme oscillante, c'est-à-dire comme constituée par une alternance de régressions et de réhabilitations, la question se posant seulement de savoir, en fin de compte, par un bilan précis, lesquelles l'ont emporté.

C'est une synthèse plus compliquée, moins aisée que les deux thèses précédentes à formuler brièvement, plus juste aussi peut-être en raison de sa complexité même qui s'adapte mieux à la complexité des choses et des événements.

Cette dernière doctrine qui est la mienne doit ressortir, du moins je m'y suis efforcé, de l'exposé développé dans cet ouvrage.

Devant toutes ces possibilités d'interprétation, la question des rapports entre l'évolution et le progrès est beaucoup moins simple qu'on n'aurait cru d'abord et impose de minutieuses réflexions.

Il n'est pas douteux qu'au moment de sa renaissance, au milieu du siècle dernier, l'idée d'évolution se présenta avec un caractère nettement progressif. La croyance au progrès spontané était au fond de la doctrine des positivistes.

Et c'est cet aspect spécial qui heurta les croyances religieuses d'une façon foncière et irréductible beaucoup plus que l'idée elle-même d'évolution. Celle-ci en effet, exposée par Lamarck, n'avait point rencontré d'opposition, non plus que sous sa forme venue de l'antiquité profonde et dont les symboles étaient à profusion répandus dans toutes les cathédrales et sur tous les tombeaux. Dans tous ces cas, en effet, il n'était aucunement question de progrès mais seulement de changements, de modifications, de transformations et de métamorphoses.

D'ailleurs toutes les religions sont évolutives, tant dans leurs aspirations mêmes que par les cosmogonies qu'elles admettent. Toutes les cosmogonies sont évolutives, qu'il s'agisse de l'organisation du Chaos, des réveils et des sommeils de Brahma au cours desquels alternativement les mondes et les phénomènes apparaissent, durent et s'évanouissent pour renaître et recommencer. Il n'est pas jusqu'à la genèse biblique, la plus sobre et la plus dépouillée de toutes les cosmogonies, qui ne montre nettement un cadre évolutif.

Sur un rythme de jours, ou d'époques, ou de stades, on voit successivement apparaître les mondes astronomiques et physiques et, quand ils sont prêts à recevoir la vie, celle-ci se montre le cinquième jour sous la forme des poissons et des oiseaux et le sixième avec tous les animaux et même l'homme qui n'est pas mis à part. Ce qui est mis à part, en vedette, avec valeur explicative, ce sont les poissons et les oiseaux.

La genèse marine, ou plus généralement aqua-

tique, produisant directement les oiseaux, c'est le
cœur même de toutes les vieilles doctrines évolutionnistes que j'ai retrouvées à travers l'antiquité et le
moyen âge et qui survivent encore dans la fable de
l'oie bernache née d'un coquillage. L'esprit évolutif de
la Bible s'exprime dans la langue évolutive de son
temps.

Au surplus, laissons là les détails techniques qui
doivent être interprétés à la lumière scientifique de
chaque époque et ne cherchons que l'esprit permanent et général : un monde qui a commencé, qui
dure, qui finira, c'est nécessairement de l'évolution.

La stabilité admise dans la période de durée est
une opinion scientifique momentanée, qui eut son
apogée dans l'enseignement de Cuvier, qui peut être
abandonnée ou conservée sans que l'esprit évolutif
général y soit intéressé. C'est un détail dans l'ensemble, détail d'autant plus restreint que Cuvier lui-
même l'applique aux formes vivantes toutes seules.
La face de la Terre a changé et lui-même le dit dans
ses *Révolutions du Globe.* Encore moins songe-t-il
à assurer la permanence des astres qui roulent et
qui brûlent dans l'infini des cieux.

Si donc nous nous élevons au-dessus des querelles
et des disputes d'écoles et de confessions dont le
bruit assourdit toutes les époques et gêne la sérénité
de la pensée, nous devons reconnaître que le thème
évolutif s'appliquait facilement par tous et en tous
temps au Cosmos inerte, moins unanimement à la
vie et aux vivants, plus confusément à l'énergie
psychique à propos de laquelle on ne se posait pas

nettement la question de savoir si elle n'avait pas évolué au cours des âges, ou tout au moins si sa réception et ses manifestations ne s'étaient pas accrues. Cette question tout de même avait été posée, sinon nettement du moins sans erreur, et toutes les vieilles cosmogonies, y compris la biblique, donnent pour terme à la création évolutive des vivants l'homme, l'être qui pense le plus.

Donc, si nous renonçons pour le moment à entrer dans les discussions sur le détail des processus, l'idée d'évolution peut être tenue pour universellement admise, dans le monde phénoménal bien entendu ; il ne s'agit que de cela pour l'instant. La stabilité dans une certaine période ou dans une certaine section de ce même monde est une opinion scientifique et exceptionnelle qui n'a pas duré longtemps et qui est abandonnée par tous à l'heure actuelle.

Un pareil accord au moins global est-il possible sur l'idée de progrès? Pas du tout.

L'idée d'évolution est très définie, très précise et très objective. Si la discussion et la recherche peuvent s'exercer dans l'appréciation et la découverte des détails et des processus, du moins le sens général dans lequel elles sont orientées, est-il toujours le changement sérié plus ou moins continu, changement susceptible de diverses mesures qui permettent d'apprécier sa grandeur, sa vitesse, c'est-à-dire son rapport avec le temps et de rechercher les conditions, ou les forces, ou les causes dans lesquelles ou sous l'influence desquelles il s'est produit.

L'idée de progrès au contraire n'est guère définie. C'est une sorte d'intuition à préciser et même à formuler. Elle implique l'idée de supériorité, de meilleur, par suite de bon, d'avantageux. .

Elle est *a priori* peu mesurable si on la conserve dans sa généralité abstraite et si, d'autre part, on la décompose et on l'analyse, il est à craindre qu'elle ne se dissipe tout à fait.

L'idée est difficile à objectiver ; elle est plus philosophique que scientifique et peut être plus anthropomorphique que cosmomorphique. Je veux dire par là qu'elle s'appliquerait plus facilement à l'homme et peut-être aux êtres vivants qu'au Cosmos tout entier. On peut aller plus loin et se demander même si l'idée du progrès aurait un sens en dehors de l'évolution humaine et biologique.

Par exemple, si au point de vue évolutif on comprend très clairement la transformation d'un calcaire banal en un marbre, ou celle d'une argile en un micaschiste, nous serions vraiment bien en peine de confronter cela avec l'idée de progrès.

De même si les changements compliqués du radium en niton, en hélium, en polonium, peut-être même aussi en plomb rentrent facilement dans le thème évolutif, qu'en dire au point de vue progrès ou régression ? Si, par la désintégration d'atomes que ces changements représentent et par la réduction consécutive du pouvoir radioactif, on était induit à parler de régression, encore faudrait-il prendre garde s'il ne s'agirait pas là d'une comparaison inconsciente avec les phénomènes de vie — la radio-activité étant instinctivement comparée à l'activité vitale qui s'extériorise et se répand au dehors, comparaison d'ailleurs peu exacte et bien superficielle.

En fait la seule tentative un peu précise pour
définir scientifiquement le concept de progrès est
fondée sur l'évolution humaine. Le passage de l'homogène à l'hétérogène n'est qu'une généralisation,
certainement trop hâtive, de ce que l'on peut constater dans les sociétés humaines. Adam Smith avait
fait remarquer en effet que dans ce cas le progrès était
lié à la division du travail et à la spécialisation des
tâches. Ce thème est banalement connu.

Mais le progrès, c'est-à-dire l'amélioration ou le
mieux-être, est pour qui et consiste exactement en
quoi ? Il consiste, eu égard à chaque homme particulier, en ceci que, originairement capable d'accomplir
moyennement tous les actes indispensables à la préparation de ses aliments et à la confection de ses
vêtements, il est devenu tout particulièrement
habile dans un détail de ces tâches infiniment fragmentées, très incapable dans les autres, en sorte que
le plus adroit metteur d'aiguilles en petits paquets ne
saurait pas retrouver dans la nature les plantes dont
on peut retirer le fil.

Cette hétérogénéité croissante et constatée représente évidemment un changement, une évolution.
Mais d'abord est-elle toute l'évolution et n'y aurait-il
pas une contre-partie qui en atténuerait singulièrement la portée ? La diversité des tâches poursuivies
partout où la civilisation industrielle pénètre n'a-t-elle pas eu pour réaction d'amener l'uniformité des
mœurs, l'uniformité des costumes et, dans une certaine mesure, l'uniformité des aspirations politiques
dans de nombreux pays autrefois beaucoup plus distincts qu'ils ne le sont aujourd'hui ?

Au reste quelle que soit la part de l'hétérogénéité dans l'évolution humaine, encore serait-on bien loin de l'idée de progrès qui comporte nécessairement celle d'amélioration et pas seulement de changement. Or il est loisible d'apprécier que la division du travail et la spécialisation des tâches, poussées au degré qu'elles ont atteint, ont dépassé l'optimum convenable et qu'elles conduisent maintenant l'homme à une régression certaine à une déformation monstrueuse au cours de laquelle ne se trouvent satisfaits, dans leur équilibre harmonieux, ni ses instincts individuels, ni ses instincts familiaux, ni ses instincts sociaux.

On sera tenté de dire, on dit même ordinairement que le progrès est global, qu'il a été réalisé pour l'humanité, sorte de Moloch dont la satisfaction serait faite des sacrifices individuels.

Mais on pourrait à ce sujet discuter indéfiniment et presque toujours, à propos de chaque cas signalé comme une amélioration, apparaîtrait une contrepartie qui l'annule ou la contrarie.

Et, pour les grands événements dont il est hors de doute qu'ils ont constitué une amélioration certaine et parmi lesquels je citerai pour types l'introduction de la pomme de terre dans l'alimentation européenne, les découvertes de Pasteur et leurs applications à la santé des animaux domestiques et à la nôtre, la facilité des échanges et des transports résultant des découvertes scientifiques sur la vapeur et l'électricité, ils ne sont aucunement dus à la spécialisation des tâches qui en a peut-être dérivé mais ne les a pas produits. Ces améliorations évidentes

sont des dons faits à la collectivité par des individualités puissantes qui se sont vouées à la recherche.

Il en est toujours ainsi en tous cas ; les grands
agents du progrès sont les individus ingénieux,
hardis et persévérants ; le progrès a pour facteur primordial des qualités intellectuelles et morales' sortant de l'ordinaire.

Revenons cependant à la définition du progrès par
la différenciation puisque pour beaucoup c'est ce
qu'on a trouvé de plus objectif ou de plus scientifique.
En y mettant tout au mieux il s'agit là cependant
d'une simple mutation d'énergie. L'homme individuel
travaille tout autant, peut-être plus, que s'il avait à
faire lui-même tout ce qu'il faut pour assurer toute sa
vie matérielle. Il ne reçoit en retour pas beaucoup
plus et, tout décompte fait, peut-être un peu moins
que ce qu'il trouverait sans tout ce détour.

Je sais bien cependant que, par ce jeu social, tous
les faibles et les incapables sont favorisés, que, sans
lui, ils n'existeraient pas, que, par lui, ils arrivent au
niveau moyen, qu'ils exploitent les forts et les capables, lesquels, sans ce poids mort, vivraient plus facilement et mieux. Voilà le seul aspect sous lequel
apparaît le progrès dans le fait social ; il est moral,
exclusivement moral. On ne le dit pas assez et c'est
à ce point de vue surtout qu'il faudrait cependant se
placer. C'est sa compréhension profonde et son accep-
tation par les uns et par les autres qui seules consti-
tueraient un véritable progrès fait par une réciprocité
de protection et de reconnaissance.

Nous sommes un peu loin du simple passage de
l'homogène à l'hétérogène.

Si j'ai insisté un peu sur les indications sociolo-
giques c'est parce qu'elles furent l'origine d'une conception qui dure encore chez beaucoup de biologistes
pour évaluer le progrès dans les formes animales ou
végétales. Cette conception, que l'on peut bien dire
anglaise, fut introduite par H. Milne Edwards.

Le progrès dans les formes animales et végétales
est exprimé pour lui par la différenciation, c'est-à-
dire par une plus grande hétérogénéité, un plus grand
nombre d'appareils distincts et sans confusion de
fonctions. Parallèlement à cette hétérogénéité croissante se montre une division du travail physiologique.

C'est juste le décalque de la vision sociologique et
de même que, dans le précédent exposé, avait surgi
un être supérieur ou humanité qui bénéficiait du progrès, de même surgit ici l'individualité qui bénéficie
de la plus grande division des fonctions en elle. La
comparaison ainsi amorcée entre les sociétés et les
organismes a été poussée assez loin et à mon avis
inexactement sur ces fondements fragiles.

Au reste cette idée d'hétérogénéité croissante à
travers tout le règne animal ne supporte pas l'examen
détaillé. Elle est contraire à la doctrine de l'unité de
plan de composition, conçue par E. Geoffroy Saint-
Hilaire et si solidement étayée depuis. Elle ne s'appliquerait que tout à fait en gros, pour subordonner
les trois grands groupes Protozoaires, Gastreades,
Triploblastiques, ces derniers comprenant presque
tous les animaux. Et encore! Un protistologiste bien
entraîné saurait décrire dans le protoplasme même
de l'unique cellule qui fait le corps des protozoaires
autant de différenciations que l'on peut compter d'or-

ganes chez les animaux supérieurs, arriverait à y
localiser presque autànt de fonctions et à y diviser le
travail physiologique d'une façon tout aussi résolue.
Ce n'est qu'une question d'analyse et d'abstraction
que l'on peut pousser toujours aussi loin que le permet l'esprit et quel que soit l'objet donné.

Cependant à mesure même que s'édifiait cette idée
du progrès dans la succession des formes par la
différenciation et l'hétérogénéité croissantes, on
s'apercevait que le phénomène n'avait pas une allure
absolue, que des régressions manifestes çà et là se
montraient. Pour fixer les idées, évoquons les régressions par le parasitisme.

Mais la régression, considérée comme un simple
accident dans l'ensemble, était d'ailleurs ainsi nommée
parce qu'elle se montrait comme une réduction d'organes, une simplification dans la forme, une perte
d'hétérogénéité. Elle demeurait bien juste inverse
de la progression normale, du progrès auquel condui-
sait le cours ordinaire des choses.

CHAPITRE IX

Progrès et adaptation.

Sommaire. — Évolution et adaptation. — L'optimum en biologie. — Le seul indiscutable progrès est l'introduction de l'intelligence et de la bonté. — C'est un retour plutôt qu'un progrès.

Toute la conception exposée dans le précédent chapitre, exclusivement fondée sur la continuité, n'est inexacte que parce qu'elle est incomplète et non par la fausseté des faits qu'elle retient et qu'elle ordonne. Nous allons rapidement ébaucher une manière de voir plus mécaniste et plus causaliste.

Au lieu de considérer l'être vivant en soi ou de le comparer seulement avec les autres vivants, tenons compte de ses rapports avec le milieu dans lequel il se trouve. Et comme il serait impossible d'examiner ainsi tous les animaux, bornons-nous comme exemple aux classes de vertébrés.

La paléontologie nous apprend que les poissons ont apparu les premiers; ils devraient, avec la notion de progrès évolutif, être les plus inférieurs des vertébrés. C'est en effet ce que l'on dit d'ordinaire.

Mais quittons l'abstraction et la généralité et précisons. Ils sont inférieurs en quoi? Quand? Comment? où? Si nous les situons dans leur milieu aquatique, nous voyons au contraire qu'ils y sont supérieurs, à tous les points de vue, à tous les vertébrés que l'évolution a fait sortir d'eux au cours du temps. Et la preuve c'est que les reptiles, comme l'ichtyosaure, ou les mammifères, comme les cétacés, qui plus tard sont revenus à l'eau n'ont pu mieux faire que de retourner au type pisciforme, autant qu'il se pouvait.

Et voilà qu'à la place de l'idée de progrès nous rencontrons celle d'adaptation beaucoup plus définie, beaucoup plus mesurable et qui peut beaucoup mieux être précisée scientifiquement.

Les amphibiens, qui les premiers sont sortis des poissons, devraient, avec la notion de progrès, leur être supérieurs. Voyons. Ils sont certainement beaucoup moins bons dans l'eau; ils ne sont pas encore très brillants sur terre.

Leur seule supériorité consisterait dans la diversité des milieux auxquels ils peuvent atteindre, dans une moindre spécialisation. Est-ce un progrès? J'y consens; mais alors nous définissons celui-ci juste à l'opposé de ce que nous faisions tout à l'heure. Ce n'est pas très ferme comme doctrine.

Les reptiles, qui suivirent, montrèrent à l'époque secondaire une faune terrestre extrêmement diversifiée, certainement supérieure aux précédentes dans les adaptations aériennes. Et nous serions amenés à parler de progrès à coup sûr si nous admettions que la vie dans l'air est supérieure à la vie dans l'eau.

Mais pourquoi l'admettre si ce n'est parce que la vie aérienne est la nôtre, parce que nous sommes

tentés d'appeler progrès ce qui conduit vers nous.
Après tout ce n'est peut être pas faux, mais alors
qu'allons-nous faire des anathèmes courants contre
l'anthropomorphisme et l'anthropocentrisme?

Arrivent les mammifères qui remplacent les reptiles. Si nous nous en tenons à la considération des
formes et des fonctions, il n'y a pas de progrès sensibles. Les mammifères, comparés à la superbe faune
reptilienne des temps secondaires et non aux quelques résidus qui nous en restent sous forme de serpents, de lézards, de crocodiles et de tortues, n'ont
rien su faire de plus ni de mieux que ce que faisaient
les reptiles.

Quant aux oiseaux ce sont des reptiles volants,
adaptation étroite, intéressante, qu'il n'y a aucune
raison d'appeler progrès en absolu.

Est-ce un progrès que ces deux dernières classes
aient une température constante? Pourquoi donc? La
constance du climat serait bien préférable.

Est-ce un progrès que les animaux de ces deux dernières classes soient astreints sous peine d'extinction
à soigner si étroitement leurs jeunes qu'ils sont
comme parasités par ceux-ci. Le seul progrès que
l'on puisse voir dans cet asservissement est, comme
je l'ai déjà dit, dans l'ordre moral et vers le don de
soi.

Est-ce un progrès que le poids relatif du cerveau
ait considérablement augmenté des reptiles aux mammifères, permettant une meilleure réception et accumulation de l'énergie psychique? Cela, je le crois.

En sorte que le seul événement que, dans l'évolution prolongée, nous admettrions d'appeler progrès

et non simple changement serait le jaillissement terminal de la bonté et de l'intelligence.

Encore que nous puissions apercevoir sa lente préparation et çà et là ses prodromes, nous ne saisissons aucun rapport précis entre cela et la décomposition de l'homogène en hétérogène, entre cela et la division du travail physiologique. Il n'y en a aucun.

Sauf donc sur ces dernières qualités qui sont plus du domaine de la psychologie que de celui de la science, nous venons de rencontrer et nous aurions rencontré partout la notion d'adaptation au lieu du concept attendu de progrès.

Mais si, nous plaçant au point de vue darwinien, nous considérons l'adaptation comme résultant de la survivance du plus apte dans la concurrence vitale, l'adaptation serait acquise par approximations successives extraites du hasard. Chacune de ces approximations étant une survivance ou un succès dans la lutte, leur sommation devrait revêtir l'apparence d'un progrès au moins jusqu'à adaptation parfaite.

Telle que je la comprends, l'adaptation ne peut être conçue ainsi; elle est pour moi modelage direct de l'être vivant plastique par les énergies du milieu et je me suis efforcé de montrer, par des exemples précis, de pareils modelages avec tous leurs dynamismes.

Au reste, quelle que soit la cause initiale qui conduit à l'adaptation, ne faudra-t-il pas tout de même appeler progrès la série des changements qui mènent à celle-ci. Cela n'aurait plus du tout d'ailleurs le sens général d'amélioration, ni de complication. On ne peut pas même accorder cela.

Considérons, par exemple, les poissons. Depuis le temps qu'ils durent et qu'ils subissent le modelage par l'eau, ils devraient être tous arrivés à l'adaptation maximum, être par suite depuis longtemps figés dans leur forme, la meilleure, par conséquent (suivons le raisonnement) l'arrêt du progrès eût été aussi l'arrêt de l'évolution.

Il n'en est rien. Le progrès s'arrête vite ; l'évolution ou le changement ne s'arrête jamais.

Il est visible que depuis les ganoïdes de l'époque secondaire, les mieux modelés de tous les poissons, la grande majorité de la classe a subi des régressions diverses. De rares représentants de la meilleure forme demeurent ; d'autres qui ont été très déformés se sont remodelés à nouveau.

Les amphibiens qui ont eu une période de grande extension sont presque annulés sur la Terre ; de même pour les reptiles. Les mammifères eux-mêmes ne sont déjà plus ce qu'ils étaient à l'époque tertiaire et quant aux oiseaux, comme je l'établirai d'ici peu, la grande majorité a dépassé par régression la meilleure adaptation au vol.

En sorte que, ayant déjà rencontré la notion d'adaptation au lieu de celle de progrès, nous ne pouvons pas même sauver celle-ci en la subordonnant ; nous rencontrons à sa place celle de maximum qu'on ne peut dépasser, celle d'optimum au delà duquel la régression commence.

La notion d'optimum est fondamentale en biologie ; quel que soit le facteur physique mis en jeu, lumière, chaleur, pression, on voit d'abord la manifestation vitale que l'on étudie, quelle qu'elle soit, croître si le facteur considéré croît lui-même, atteindre un maximum, décroître, s'annuler, et si l'on persévère on sort de la biologie ; l'être vivant en expérience devient un magma chimique quelconque et cesse de vivre.

Qu'est-ce à dire si ce n'est que la vie est très rigoureusement située parmi les phénomènes physico-chimiques à un certain niveau quantitatif autour duquel elle ne peut osciller que très peu.

Comment alors croire au progrès indéfini dans la vie ? Comment y croire dans la succession des formes qu'elle revêt ? Non seulement ce n'est jamais arrivé, mais c'est même impossible.

Et comme d'autre part le concept de progrès ne semble avoir aucun sens en dehors des phénomènes humains et biologiques, qu'en reste-t-il ?

Il en reste peut-être ceci. Le long de notre chemin nous avons effleuré le concept de progrès et nous avons été tentés de le voir dans le monde psychique intellectuel et moral.

H. Poincaré avait déjà dit en pensant à l'apparition de l'intelligence dans le monde : « C'est comme un éclair dans la nuit, mais c'est cet éclair qui est tout ».

Nous ajouterons pour notre part : « L'arrivée de la vie dans la bonté et dans l'intelligence ne peut être véritablement conçue que comme un retour, une réhabilitation d'énergie, un dernier reflet de la cause initiale qui émerge de la dégradation continue. C'est moins un progrès qu'un sauvetage, si tant est que ces mots trop brutaux et trop précis puissent être ainsi employés ».

CONCLUSIONS

Parmi toutes les idées soulevées, discutées ou sug-
gérées au cours de cet ouvrage, extrayons les principales afin de les ordonner.

Les concepts primordiaux à l'aide desquels sont
construites toutes les doctrines humaines : temps,
espace, mouvement, force et masse ne sont pas complètement indépendants les uns des autres. On peut
considérer l'un d'eux comme dérivé et comme nécessairement introduit par le fait seul que les autres
le sont.

Le choix du facteur dérivé est arbitraire et c'est
ce choix qui fait la qualité des doctrines.

Par exemple, Aristote considère le temps comme
dérivé de l'espace et du mouvement. La science qu'il
construit, comme aussi toute celle qui en procède
jusqu'à Cuvier, revêt, en concordance avec cette
subordination du temps, un caractère de statisme
et de permanence.

La mécanique rationnelle symbolise seulement
l'espace et le temps, le mouvement y apparaît comme

subordonné à ces deux concepts et ne s'y montre que sous son aspect de vitesse ou d'accélération. Une imprécision sur l'espace, qui résulte peut-être de ce symbolisme même, amène à confondre l'espace du mouvement avec l'espace de l'immobilité ou espace géométrique. Nous avons longuement analysé cela.

Les matérialistes purs ou cinétistes ne considèrent pas la force comme primordiale, mais la voient comme dérivée de la masse et de l'accélération, c'est-à-dire de l'espace, du temps et du mouvement.

Nous avons au contraire estimé que la masse n'est pas primordiale ; mais qu'elle se relie à la force que nous considérons comme plus intelligible et à l'accélération.

De cette position que nous avons prise, de notre dynamisme, résulte que la matière n'est pas pour nous une réalité essentielle, que c'est un phénomène, une apparence.

Chacune de ces constructions scientifiques est donc qualifiée par la façon précise dont elle aborde la métaphysique et s'y rattache.

Aucune d'elles ne résout jusqu'au bout le problème du monde parce qu'un élément essentiel, l'esprit ou la pensée, leur échappe à toutes.

Le dynamisme, comme aussi bien le matérialisme, comporte un choix arbitraire ; la seule façon de légitimer ce choix est de voir s'il fournit un raccord plus ou moins facile avec le domaine spiritualiste, un accès plus ou moins aisé dans celui-ci.

Nous croyons avoir montré qu'en subordonnant la

masse et en considérant la force comme primordiale
on obtenait ce raccord et même une subordination
complète de la matière et des phénomènes à la
pensée originelle et causale, cause efficiente et finale,
en définitive seule réalité.

FIN

TABLE DES MATIÈRES

DEUXIÈME PARTIE

LE MONDE, LA VIE, LA PENSÉE

6872-11-19. — PARIS. — IMP. HEMMERLÉ & Cⁱᵉ

Rue de Damiette, 2, 4 et 4 *bis*.

2° PSYCHOLOGIE ET PHILOSOPHIE

APERT (D^r). **L'Hérédité morbide** (5e mille).

AVENEL (Vicomte Georges d'). **Le Nivellement des Jouissances** (5e mille).

BALDENSPERGER (F.), chargé de cours à la Sorbonne. **La Littérature** (5e mille).

BELLET (Daniel), professeur à l'École libre des Sciences politiques. **Le Mépris des lois et ses conséquences sociales.**

BERGSON, POINCARÉ, Ch. GIDE, Etc., **Le Matérialisme actuel** (8e mille).

BINET (A.), directeur de Laboratoire à la Sorbonne. **L'Ame et le Corps** (12e mille).

BINET (A.). **Les Idées modernes sur les enfants** (15e mille).

BOHN (Dr G.). **La Naissance de l'Intelligence** (40 figures) (8e mille).

BOUTROUX (E.), de l'Institut. **Science et Religion** (21e mille).

CRUET (J.), avocat à la c^r d'appel. **La Vie du Droit et l'Impuissance des Lois** (5e m.).

DAUZAT (Albert), docteur ès lettres. **La Philosophie du Langage** (4e mille).

DROMARD (Dr G.). **Le Rêve et l'Action** (4e m.).

DUGAS (L.), agrégé de Philosophie. **La Mémoire et l'Oubli** (5e mille).

DWELSHAUVERS (Georges), professeur à l'Université de Bruxelles **L'Inconscient** (5e m.).

GAULTIER (Paul). **Leçons morales de la guerre** (5e mille).

JUIGNEBERT (C.), chargé de cours à la Sorbonne. **L'Évolution des Dogmes** (7e m.).

HACHET-SOUPLET (P.), directeur de l'Institut de Psychologie. **La Genèse des Instincts** (4e mille).

HUBERT (René). **Les Interprétations de la Guerre** (4e mille.)

JAMES (William), de l'Institut. **Philosophie de l'Expérience** (9e mille).

JAMES (William). **Le Pragmatisme** (8e m.).

JAMES (William). **La Volonté de Croire** (6e m.)

JANET (Dr Pierre), de l'Institut, professeur au Collège de France. **Les Névroses** (10e m.)

JULLIOT (Ch.-L.). **L'Éducation de la Mémoire** (5e mille).

LE BON (Dr Gustave). **Psychologie de l'Éducation** (24e mille).

LE BON (Dr Gustave). **La Psychologie politique** (16e mille).

LE BON (Dr Gustave). **Les Opinions et les Croyances** (14e mille).

LE BON (Dr Gustave). **La Vie des Vérités** (10e mille).

LE BON (Dr Gustave). **Enseignements Psychologiques de la Guerre** (36e mille).

LE BON (Dr Gustave). **Premières Conséquences de la Guerre** (29e mille).

LE BON (Dr Gustave). **Hier et Demain. Pensées brèves** (10e mille).

LE DANTEC. **Savoir !** (12e mille).

LE DANTEC. **L'Athéisme** (17e mille).

LE DANTEC. **Science et Conscience** (10e m.)

LE DANTEC. **L'Égoïsme** (14e mille).

LE DANTEC. **La Science de la Vie** (8e m.)

LEGRAND (Dr M.-A.). **La Longévité** (4e m.).

LOMBROSO. **Hypnotisme et Spiritisme** (8e mille).

MACH. **La Connaissance et l'Erreur** (6e m.)

MAXWELL. **Le Crime et la Société** (6e m.)

PICARD (Edmond). **Le Droit pur** (7e mille).

PIERON (H.), Me de Conf^e à l'École des H^{tes}-Etudes. **L'Évolution de la Mémoire** (5e mil.)

RAGEOT (Gaston), professeur de philosophie. **La Natalité, ses lois économiques et psychologiques.**

REY (Abel), professeur agrégé de Philosophie. **La Philosophie moderne** (12e mille).

VASCHIDE (D^r). **Le Sommeil et les Rêves** (5e mille).

VILLEY (Pierre), professeur agrégé de l'Université. **Le Monde des Aveugles** (4e m.).

Bibliothèque de Philosophie scientifique

DIRIGÉE PAR LE D' GUSTAVE LE BON

1° SCIENCES PHYSIQUES ET NATURELLES

AVENEL (Vicomte Georges d'). L'Évolution des Moyens de Transport.

BACHELIER (Louis), Docteur ès sciences. Le Jeu, la Chance et le Hasard (6° mille).

BELLET (Daniel), prof' à l'École des Sciences politiques. L'Évolution de l'Industrie.

BERGET (A.), professeur à l'Institut océanographique. La Vie et la Mort du Globe (9° m.).

BERGET (A.). Les problèmes de l'Atmosphère (27 figures) (4° mille).

BERTIN (L.-E.), de l'Institut. La Marine moderne (66 figures) (7° mille).

BIGOURDAN, de l'Institut. L'Astronomie (50 figures) (8° mille).

BLARINGHEM (L.). Les Transformations brusques des êtres vivants (49 figures). (5° mille).

BLARINGHEM (L.). Problèmes de l'Hérédité expérimentale (4° mille).

BOINET (Dr), prof' de Clinique médicale. Les Doctrines médicales (7° mille).

BONNIER (Gaston), de l'Institut. Le Monde végétal (230 figures) (11° mille).

BOUTY (E.), de l'Institut. La Vérité scientifique, sa poursuite (7° mille).

BOUVIER (E.-L.), de l'Institut. La Vie Psychique des Insectes (5° mille).

BRUNHES (B.), professeur de physique. La Dégradation de l'Energie (8° mille).

BURNET (Dr Etienne), de l'Institut Pasteur. Microbes et Toxines (71 fig.) (7° mille).

CAULLERY (Maurice), professeur à la Sorbonne. Les Problèmes de la Sexualité (6° m.)

COLSON (Albert), professeur à l'École Polytechnique. L'Essor de la Chimie (8° m.)

COMBARIEU (J.), chargé de cours au collège de France. La Musique (14° mille).

DASTRE (Dr A.), de l'Institut, professeur à la Sorbonne. La Vie et la Mort (16° mille).

DELAGE (Y.), de l'Institut et GOLDSMITH (M.). Les Théories de l'Evolution (8° mille).

DELAGE (Y.) de l'Institut et GOLDSMITH (M.), La Parthénogénèse (4° mille).

DELBET (P.), professeur à la F' de Médecine Paris. La Science et la Réalité (4° m.).

DEPÉRET (C.), de l'Institut. Les Transformations du Monde animal (8° mille).

ENRIQUES (F.). Les Concepts fondamentaux de la So

GRASSET (Dr). La Biolo

VUIART (Dr). Les Para de maladies (107 fig

GUILLEMINOT (H.). La (4° mille).

HERICOURT (Dr J.). La Maladie (10° mille).

HERICOURT (Dr J.). L 13° mille).

HERICOURT (Dr J.). Les Maladies des Sociétés (5° mille).

HOUSSAY (F.), doyen de la Faculté des Sciences de Paris. Nature et Sciences naturelles (7° mille)

HOUSSAY (F.), doyen de la Faculté des Sciences de Paris. Force et Cause.

JOUBIN (Dr L.), professeur au Muséum. La Vie dans les Océans (45 figures) (7° mille).

LAUNAY (L. de), de l'Institut. L'Histoire de la Terre (12° mille).

LAUNAY (L. de), de l'Institut. La Conquête minérale (5° mille).

LE BON (Dr Gustave). L'Évolution de la Matière, avec 63 figures (33° mille).

LE BON (Dr Gustave). L'Évolution des Forces (42 figures) (24° mille).

LECLERC DU SABLON (M.). Les Incertitudes de la Biologie (24 figures) (4° mille).

LECORNU (Léon), de l'Institut. La Mécanique.

LE DANTEC (F.). Les Influences Ancestrales (13° mille).

LE DANTEC (F.). La Lutte universelle (12° m.)

LE DANTEC (F.). De l'Homme à la Science (9° mille).

MARTEL, directeur de *La Nature*. L'Évolution souterraine (80 figures) (7° mille).

MEUNIER (S.), professeur au Muséum. Les Convulsions de la Terre (35 fig.) (5° m.).

MEUNIER (S.), professeur au Muséum. Histoire géologique de la Mer (5° mille).

MEUNIER (S.). Les Glaciers et les Montagnes (4° mille).

OSTWALD (W.). L'Évolution d'une Science la Chimie (9° mille).

PERRIER (Edm.), de l'Institut, directeur du Muséum. A Travers le Monde vivant. (6° m.).

PERRIER (Edm.), de l'Institut, directeur du Muséum. La Vie en action (4° m.).

PICARD (Emile), de l'Institut, professeur à la Sorbonne. La Science moderne (12° mille).

POINCARÉ (H.), de l'Institut, prof' à la Sorbonne. La Science et l'Hypothèse (31° mille).

POINCARÉ (H.). La Valeur de la Science (28° mille.)

POINCARE (H.). Science et Méthode (18° m.).

POINCARÉ (H.). Dernières Pensées (12° m.)

POINCARÉ (Lucien), d' au M'' de l'Instruction ... moderne (18° m.).

... tricité (14° mille).

... tique (68 figures)

... mécanique. Les s'.

... n physique et la ille).

... r à l'École de Gri- moderne (8° m.).

PSYCHOLOGIE, PHILOSOPHIE ET HISTOIRE
Voir la liste des ouvrages parus pages 2 et 3 de la couverture.

8967. — Paris. — Imp. Hemmerlé et C'° 1 00.